經營顧問叢書 ㊼

如何督導營業部門人員

王瑞虎 黃憲仁 / 編著

憲業企管顧問有限公司　　發行

《如何督導營業部門人員》

序　言

　　企業運作是由各部門組成，分工而合作。企業要加強核心競爭力、要提升利潤、創造績效，關鍵在於人，尤其是擁有「高績營業團隊」，更是成功關鍵（KFS）所在。

　　日趨激烈的市場競爭，企業生存空間相對緊縮，企業要想在激烈競爭中脫穎而出，很大程度上取決於企業的市場行銷工作是否成功，一份調查顯示，企業普遍遭遇行銷乏術的窘境，尤其是行銷隊伍人員因素的制約，行銷人員常苦於沒有機會學習行銷知識和提高行銷水準，阻礙了他們的發展。

　　此書《如何督導營業部門人員》，就是針對營業員在執行推銷工作時所碰到的各種問題，同時提出具體的解決對策，是營業部門執行工作的工具書。

　　營業部門團隊的業務員，受各種因素的制約，阻礙了他們的發展。針對業務員在執行推銷工作所碰到的各種問題，加以歸類，並詳細解說，並提出具體的解決對策。

　　一個出色的銷售員，首先要有一個明確的銷售理念，要知道自己

銷售的是什麼，為什麼而銷售。你不去瞭解，你不去銷售，自然就很難將東西推銷出去。

銷售員要有足夠的自信，用誠懇的態度向顧客介紹最適合他的產品。

出色的銷售員，除了具備專業素質，更重要的是要掌握足夠的銷售技巧。

一個出色的銷售員，要精準地找到客戶需求，能夠和客戶進行有效溝通，能夠把產品完美地展示給顧客，讓顧客瞭解產品的優點，不僅能夠把產品賣出去，更要懂得良好的售後服務的重要性。

此書針對營業部門的《如何督導營業部門人員》，書中介紹了在營業管理人員各層面上的問題與解決對策。是顧問專家的成功經驗，針對營業部門人員的各種操作技巧與管理問題，詳細解說，提出具體解決對策，立即提昇營業人員績效，打造出高績效的營業團隊。

這本書非常適合公司的營業部門、業務管理部門、行銷企劃部門加以參考引用。

2023 年 8 月

《如何督導營業部門人員》

目 錄

第 一 章

營業員的心態解說

一、推銷員的類別

　　銷售管理的成功，取決於企業能擁有什麼樣的銷售員，因此，銷售員選拔是銷售管理的重要環節。在選拔銷售人員前，先要進行銷售人員規劃，即確定企業銷售人員的數量及素質要求。

　　有許多獨特的銷售工作，因此「銷售人員」一詞本身就具有豐富含義，一名銷售人員可能是一個在市內繁華地帶賣花的小販，也可能是一個為賣飛機而進行談判的銷售主管，說明如下：

1.銷售支援

　　銷售支持人員(sales support personnel)通常不去直接徵求採購訂單，他們的主要責任是傳播信息和有關激勵銷售的其他活動。為了支持所有的銷售努力，他們可能重點關注分銷管道的最終使用者和其他層次。他們可能向其他負責直接控制採購訂單的銷售人員或銷售經理報告。這裏有兩類眾所週知的銷售支持人員：傳教型的或專業

型銷售人員和提供技術支援的銷售人員。

傳教型銷售人員（missionary sales people）通常為一個製造商工作，但有時也為經紀人、製造商代表工作，在食品雜貨業更是如此。銷售傳教士與宗教傳教士有許多共同之處。銷售傳教士努力把轉變顧客購買行為的信息傳遞給顧客。一旦轉變完畢，顧客就會收到更多的新信息。傳教士活動的好處就是加強了購買者與推銷者之間的關係。

在醫藥行業，專項推銷人員（detailer）是一種專門從事醫藥產品推銷的人員。這類推銷人員主要做醫生的工作，提供有關藥物產品的功效和限制的重要信息，試圖使醫生開藥方時使用他們的藥品。另一類銷售代表同樣來自醫藥公司，他們銷售藥品給批發商或藥品商，但是，透過與醫生溝通來支持直接銷售努力是該類銷售人員的工作。

技術專家有時也被看做是銷售支援人員。這些技術支援性銷售人員（technical support sales people）可以幫助企業設計程序、安裝設備、培訓顧客及提供技術跟蹤服務。他們有時是一個銷售團隊的組成部份，這個團隊包括透過推薦合適的產品或服務來專門確認和滿足顧客需求的其他銷售人員。

2.新業務銷售

新業務銷售就是增加新顧客或將新產品導入市場的銷售。新業務銷售人員有兩種類型：開拓型銷售人員和訂單獲取者。

開拓型銷售人員（pioneer）經常要推銷新產品、接觸新顧客，或者同時面對新產品和新顧客。他們的工作需要創造性的推銷技能和隨機應變的能力。開拓型銷售人員在企業特許權的銷售中得到了很好的描述，其中，銷售代表從一個城市到另一個城市以尋找新的特許權購買者。

訂單獲取者(order-getter)是指在一個高度競爭的環境下主動尋求訂單的銷售人員。雖然所有開拓型銷售人員都是訂單獲取者，但反之則不成立。訂單獲取者可能依據不斷變化的情況服務於現有顧客，而開拓型銷售人員會儘快尋找和接近新顧客。訂單獲取者可能透過向現有顧客推銷產品線的附加產品以尋求新的業務。一個大家熟知的策略就是首先透過推銷產品線的單一產品與某顧客建立聯繫，然後緊接著再進行銷售訪問，同時推銷產品線的其他產品項目。

大多數企業都重視銷售增長，開拓型銷售人員和獲取訂單者是實現增長目標的中心力量。銷售人員的這種角色的壓力是非常大的，結果也是顯而易見的。由於這個原因，新業務銷售人員常常都是企業銷售隊伍中的最出色的人物。

3.現有業務銷售

與新業務銷售人員剛好相反，其他銷售人員的主要責任是維持與現有顧客的關係。強調維持現有業務的銷售人員也包括訂單獲取者。這些銷售人員經常為批發商工作，顧名思義，「訂單獲取者」不涉及創造性推銷。管理著一個固定的顧客群的銷售人員就是接單人員(order-taker)，他們只做一些常規的重覆性訂購。他們有時跟在一個開拓型銷售人員之後，在開拓型銷售人員進行了第一次銷售之後，他們接著進行下一次銷售。

對企業來說，這些銷售人員的價值並不比新業務銷售人員小，但是創造性推銷技巧對這類銷售人員不太重要。他們的優勢是具備在確保顧客方便方面的可靠性和能力，因此顧客日益依賴於這類銷售人員所提供的服務。隨著市場的競爭越來越激烈，現有業務銷售人員對於避免顧客流失來說非常關鍵。

許多企業認為保護和維持利潤大客戶要比發現客戶替代者容易

得多，因此它們加強了對現有客戶的銷售力量。例如，Frito-Lay 公司的 18000 名服務銷售人員每星期至少給零售客戶打 3 次電話；Frito-Lay 公司的銷售代表每天都會與較大的客戶見面。這些銷售代表花費大量的時間宣講 Frito-Lay 公司速食食品的利潤，這就使零售商和 Frito-Lay 公司都提高了銷售量。

4.內勤銷售

內勤銷售(inside sales)是指非零售銷售人員，他們只在僱主的業務所在地處理顧客問題。最近幾年，內勤銷售受到了極大的關注，企業不僅將其作為一個補充性銷售策略，也將其作為一種現場推銷的替代方案。

內勤銷售可以分為主動內勤銷售和被動內勤銷售。主動內勤銷售是指主動尋求訂單，或者是電話行銷過程的組成部份，或者屬於接待隨時到訪顧客的活動。被動內勤銷售隱含著接受，而不是請求顧客訂單，雖然這些業務實踐要包括附加的銷售嘗試。我們應該記住，客戶服務人員有時是作為內勤銷售工作的延續來發揮作用的。

5.直接面對消費者的銷售

直接面對消費者的銷售人員是數量最多的一類。美國大約有 450 萬名零售銷售人員和近 100 萬名推銷房地產、保險和證券等產品的銷售人員。還有像 Tupperware、玫琳凱和雅芳等公司擁有的幾百萬直接面對消費者的推銷人員。

可以說，各種類別的銷售人員的範圍包括從零售店的小時工到受過高等教育的、經過專業化培訓的華爾街股票經紀人。一般來說，富於挑戰性的、直接面對消費者的銷售是指那些銷售無形產品的工作，如保險和財務服務等。

二、銷售人員為什麼難管？

銷售人員難管從大的方面來說，主要是以下原因：

1. 在目前的人力資源市場上稱職的銷售人員仍是一種供不應求的狀況，這種供不應求是目前銷售人員難招、難管、難留的根本原因。

2. 銷售人員的職業特點決定了其大部分時間屬於戶外工作，因此管理難度較大。要想管理好，必須以目標管理結合過程管理，而其中更應注重過程管理。但是諸多企業普遍注重目標管理而輕視過程管理，即便有少數企業注重過程管理，也沒有完全掌握過程管理所必需的科學方法、程度與技能。

3. 銷售人員的薪資結構問題。國內企業銷售人員的薪資結構普遍為「低底薪，高提成」。銷售業績的產生更多的是依靠個人的能力而非銷售系統，同時又過於注重「挖人」而非培訓。這樣，稱職的銷售人員更易頻繁跳槽，造成流動率的居高不下……

4. 銷售人員不思進取，得過且過。很多做行銷的人都是這樣，混一天是一天，獎金拿不到也不肯跳一下去拿。也許企業在制定銷售目標時確實不合理，但有些時候企業為了發展為了壯大也是不得已而為之：給你設定一個個目標，目標和獎金掛鉤，只要你努力你就能拿到獎金。可是有的做銷售的人腳都懶得跳，工資待遇和提成拿到手已經不錯了，做行銷有幾個拿到獎金的。這種不思進取的表現還在於不求做大、做好、業績獲得提升，很多區域經理在自己的區域已經幹了好幾年了，企業想讓他做大區經理他都不幹，在自己家的地盤做起事來遊刃有餘，不必付出很多就會有很大收穫，還能借此和企業講條件擺龍門，很多企業為了穩定市場也一時動不得這些封疆大吏。

5. 不學習總結，做事靠老本。很多行銷人員不注重學習，有的甚至幾年都不看一本書，更有甚者連網都不上，字都不會打(也有很多行銷人員很會打字很會上網，不過是打遊戲，上 QQ 瞎聊)，從不去吸收一些和業務有關的新知識。行銷知識變動很快，如果不學習就會被落下，思想就會變得僵化，所採取的市場策略也會缺乏競爭力，有的人連行銷組合策略這個詞都沒聽說過，更別說去運用了。缺乏了市場競爭的素質和知識就會缺乏市場競爭的能力，老本在激烈的市場競爭中會非常容易被淘汰。

6. 不注重市場研究，憑感覺做市場。有些銷售人員制定區域市場策略全憑感覺，簡單的度量其行與不行，這是對市場不負責任的想法和做法。

去年做得風生水起的市場現在還能讓你暢遊其中嗎？不花費時間和心思去研究你的市場的消費者、競爭者和行業政策了。甚至對研究市場不屑一顧：咱還用研究市場？咱這塊市場的東東都在咱腦子裏，況且研究市場是企業行銷總監和那幫沒事幹的人的事，他們研究完市場整出一堆市場策略來還不是咱來幹？到時候還不是咱說了算，想咋幹就咋幹？結果你的經驗性市場策略在激烈的市場競爭中乏力，你的區域競爭對手很快地把你遮罩出局。

7. 經營打牌玩麻將甚至賭博，不擅長市場策劃。有些銷售人員吃喝玩樂，打牌，玩麻將樣樣精通。有時還美其名曰「陪客戶」，「維護客情關係」。會點牌技並沒什麼可說的，但是擅長此道而不擅長市場策劃就有問題了。經銷商和你合作是為了利益，你應該好好地研究你的市場，幫助經銷商賺取更多的錢，建設更好的市場銷售網路，讓經銷商銷售你更多的產品，讓經銷商樂意銷售你的產品，讓經銷商的終端你的區域市場終端願意賣你的產品，讓你的消費群體願意買你的產

品，這就是市場策劃。做客戶的三陪不如做客戶的軍師，雖然你打牌也能讓客戶口袋裏的錢多一些，但那不如幫助客戶把業務做好來得實在，人家還會感激你敬佩你，否則即使贏了你的錢還會罵你傻冒。

不擅長市場策劃的銷售員和客戶的合作就會不穩定或不能長久，一旦競爭對手對客戶採用顧問式服務你就得下馬。

8. 區域經理和手下同流合污。有的區域經理覺得在區域市場上自己是老大，手下人都得聽從他的，在手下面前裝酷，一副家長姿態，動輒訓斥甚至辱罵下屬。有的區域經理反其道而行之，和下屬吃喝玩樂，打牌打到天亮，什麼娛樂場所都能看見他們的身影。結果這兩種區域經理要麼和下屬離德離心，要麼不能很好地統馭下屬，區域團隊就會成為一盤散沙。

9. 和經銷商合夥對付企業。一些區域經理為了自己的一點利益和經銷商合夥套取企業的銷售資源，或者和經銷商合作向其他區域市場串貨。結果引發自己和企業的矛盾，經銷商雖然獲取了利益，但今後也會對你「刮目相看」。這種殺雞取卵的方式破壞了你在企業的形象和地位，破壞了你在企業行銷團隊的形象和地位，破壞了企業市場穩定性，嚴重者會造成企業的鄰區域市場的銷售癱瘓。

10. 自己是好銷售人員，不能帶領手下成為好的銷售團隊。這是比較常見的現象，很多區域經理因為自己本身在市場上取得過輝煌的業績而升為區域經理，但當上區域經理後還是按以前的做法，自己是大營業員，凡事親力親為，整得手下各個在市場上弱不禁風，能力也得不到提升，沒有很好地管理下屬，也沒有傳幫帶，也沒有凝聚區域行銷團隊，只有區域經理一個人在市場上拼搏。

好的區域經理應該首先是一個能帶隊的管理者，其次才是業務精英，區域經理精英了得教會手下也精英，別只顧埋怨手下弱，他們剛

來的時候弱和區域經理沒有關係，如果一年以後還是弱，那麼區域經理就脫不了關係了。否則，經理忙得要死，下屬閑得要死，市場也不會有太大的起色。h·有些區域經理對待下屬就會簡單的蘿蔔加大棒伺候

下屬業績上不去，和客戶談判能力亟待提高，區域經理只會採用大棒的形式進行懲罰，動輒扣除獎金，減少提成，不給報銷費用，甚至克扣下屬福利。手下做好了就會給點利益性的獎勵。如果管理都這樣那還不簡單，每個管理者都不用殫精竭慮地去考慮用文化、用培訓、用制度來管理企業了，大家一手拿著大棒一手拿著蘿蔔，幹得好就給個蘿蔔，幹不好就給一棒槌。卻不知這樣做的結果是下屬會和你貌合神離。

11.很多區域經理對企業的戰略規劃市場指導不屑一顧，自己玩自己的貓膩。企業的企業戰略、行銷戰略都是對企業的發展至關重要的，每個市場應根據企業戰略的不同需要發揮不同的作用，任何市場在企業戰略中都極其重要。很多區域經理卻不這麼認為，總是喜歡玩自己的貓膩，覺得自己的看法要比企業的行銷戰略高明，對企業的行銷戰略陰奉陽違。

企業的運營如果是一盤棋，區域經理就是棋盤中的棋子，而且是一線的棋子。企業全靠區域經理衝鋒陷陣呢，區域經理在那裏整貓膩，不聽從指揮，企業這盤棋就會被攪合亂套了。

12.懶得跑市場，坐吃山空。上任初期，是認真負責，經常呆在市場上，很多努力。時間長了，懶惰的情愫就會滋長，覺得自己對這個市場已經很瞭解了，很多時候，只是陪老客戶或大客戶進行客情維護。甚至有的經理經常呆在家裏，因為恰好他管轄的區域市場的總部在他居住的城市，市場全部交給下屬打理，自己很是悠閒，他認為只

要掌握幾條主要管道線就足以完成企業的銷售指標了。

　　這種坐吃山空的心態在很多區域都存在。市場是變動的，今天非常合適的經銷商可能明天就非常不合適，今天合作很好的經銷商可能由於競爭對手的原因而離你遠去，投入競爭對手的懷抱。區域經理應該總是對市場、對經銷商心存敬畏，時刻關注市場變動和競爭對手的市場策略，防止發生變故，即使發生變故了，自己也有很好的退路。

　　否則，你的市場會在一點點地被競爭對手蠶食，你的經銷商會對你要求更多的銷售資源，會對你提出更多的要求，因為他知道，除了他，你一無所有。

三、營業員方格說明

　　當營業員在進行推銷工作的時候，至少有兩種念頭會存在於心中；一個念頭是想到如何達成銷售任務，另外一個念頭是想到如何與顧客建立友善的關係。例如說孫雷向趙風推銷新力牌錄影機，他當然希望能夠把這一部錄影機賣出去，但是另外一方面他也希望能夠讓顧客留下一個很好的印象。前一個念頭所關心的是「銷售」，後一個念頭所關心的是「顧客」。這兩種念頭的強度有時候都很高，有時候則可能一個比較高，另外一個比較低。有句老話說：「生意不成仁義在」，這就是一種對於顧客比較「關心」而對於「銷售」比較不關心的例子。至於有些人說「為了生意不擇手段」，這種心態恰恰與剛剛所說的相反──比較關心「銷售」而不關心「顧客」。

　　這兩種不同的念頭，布列克和蒙頓兩位教授就用二度空間中第一象限的圖型來表達。這個圖形就是所謂的「推銷方格」，如圖 1-1 所示。

這個方格中的縱座標表示對顧客的關心，橫座標表示對銷售的關心，其座標值均各自 1 至 9，座標值越大表示其關心度越強。

在這個方格中所交會出來的各個點，就代表著營業員的各種不同心態。基本上，布蒙兩位教授把營業員的心態分成五種，茲將這五種心態列述如下：

圖 1-1　推銷方格圖

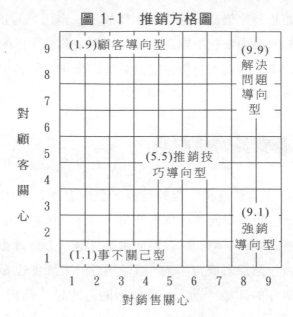

⑴ 1.1 型：這種心態稱之為「事不關己」型（take-it or leave-it）。顧名思義可以知道這種人既對顧客不關心，也對銷售不關心，完全抱著「要買就買，不買就拉倒」的態度在做生意，我們在百貨公司常會看到一些女店員坐在櫃檯後面發愣，客人走過來也不打個招呼，賣東西時又表現出一副不耐煩的樣子，這種營業員正是最典型的 1.1。

⑵ 1.9 型：這種心態稱之為「顧客導向」（People-oriented）

型。他們自認是顧客的好朋友，認為做生意要處處順著顧客的心意，跟顧客保持良好的關係，讓顧客留下一個良好的印象。為了建立這種關係，即使生意做不成都沒有關係。

⑶ 9.1 型：這種心態稱之為「強銷導向」（Push the Product oriented）。這種人剛好與 1.9 型的人相反。達成銷售任務是他最關心的焦點。這種人大都有很高的「成就慾」，為了證明自己的推銷績效，他會以強烈的攻勢，積極向顧客進行推銷並且不斷向顧客施予壓力。

⑷ 5.5 型：這種心態可稱之為「推銷技巧導向」（sales Technique oriented）。這種人比較踏實，且能認清現實環境。他知道一味地取悅於顧客未必能達成銷售，而一味地強銷也可能反而引起不良後果。這種人知道要完成銷售任務，必須研擬一些推銷技巧，並且要從工作中吸收經驗，從經驗中擷取知識，當他與顧客意見相左時，他會採取折衷的立場，以期順利達成銷售任務。

⑸ 9.9 型：這種心態稱為「解決問題導向」（Problem solving oriented）。這種人會探求顧客的需求，研究顧客的心理，認識顧客的問題，然後運用自己所推銷的產品，來為顧客解決問題，並為公司達成銷售任務，這種人既關心顧客，也關心銷售，而且還能夠將兩者結合在一起，藉著銷售的達成來使顧客獲得最大的滿足。

四、顧客方格說明

從顧客的心理立場來看，他在從事購買行為的時候，至少也有兩種不同的念頭存在於心中。一個念頭是完成購買任務；另外一個念頭是想要與營業員建立良好關係。第一種念頭可以稱之為「對購買的關

心」；第二種念頭可以稱之為「對營業員的關心」。

用這種不同的念頭，依照前述方法，建構出另外一種方格，這就是「顧客方格」（Customer Grid），如圖 1-2 所示。

這個方格中的縱座標表示「對營業員的關心」，橫座標表示「對購買的關心」。其座標值也為自 1 至 9，座標值愈大表示其關心度愈強。

在這個方格中所交會出來的各個點，就代表著採購者的各種不同心態。這些心態也可大致分成五種：

（1）1.1 型：這種心態稱之為「漠不關心」型（Couldn't care Less），這種人不但對營業員漠不關心，也對其購買行為漠不關心。這種人經常在逃避營業員，視之如毒蛇猛獸；對於採購工作也不敢負責，怕引起麻煩，因此往往把採購決策推給上司或其他人員，自己頂多只負責詢價或彙集資料等等非決策性工作。

圖 1-2　顧客方格

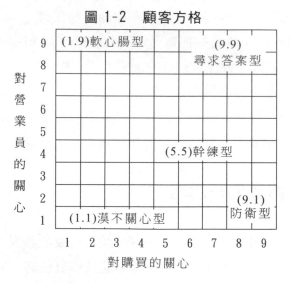

（2）1.9型：這種心態名之為「軟心腸型」（Pushover），這種人心腸特軟，對於營業員極為關心，當一個營業員對他表示好感、友善時，他總會愛屋及烏地認為他所推銷的產品一定不錯。這種人經常會買一些自己很可能不需要或超過需要量的東西。

（3）9.1型：這種心態可稱之為「防衛型」（Defensive purchaser），這種人與1.9型購買者剛好相反，他對其購買行為高度關心，但是對營業員卻極不關心，甚至採取敵對態度。在他們心目中營業員都是不誠實的人、耍嘴皮子的人，對付營業員的方法是精打細算先發制人，絕對不可以讓營業員佔便宜。

（4）5.5型：這種心態可稱之為「幹練型」，這種顧客常常根據自己的知識和別人的經驗來選擇廠牌，決定數量，每一個購買決策都經過客觀的判斷。

（5）9.9型：這種心態可稱之為「尋求答案型」（Solution purcaser），這種顧客在決定購買之前，早就瞭解自己需要什麼，他所需要的營業員是能幫助他解決問題的營業員，對於您所推銷的產品，他會將其優缺點都做很客觀的分析，如果遇到問題，也會主動要求營業員協助解決，而且不會做無理的要求。

五、推銷方格與顧客方格的配合

究竟什麼樣的推銷心態最好呢？無可否認的，愈是趨向於9.9型的心態，愈能達成有效的銷售，因此，每一個營業員都應該把自己訓練成為一個「對銷售高度關心，對顧客也高度關心」的「問題解決」者。可是並非只有具備這種心態的人才能達成有效的推銷，因為從顧客方格中，我們可以發現顧客的類型也很多。一個1.9型的推銷雖然

很蹩腳，但是如果遇到的是 1.9 型的顧客，一個對顧客特別熱心，另一個心腸特別軟，兩個碰在一起，惺惺相惜之下，推銷任務照樣可以達成。

至於那一種營業員適合那一種顧客呢？表 1-1 是一個簡單的搭配表可以作為參考，表中「＋」號表示可以有效達成推銷任務，「－」號表示不能達成任務，「０」則表示介於二者之間，可能可以達成，也可能無法達成。

對銷售的關心程度若要將某一種銷售方式標於圖上，首先應按１至 9 的評分等級為該營業員對於顧客的關心程度評分，１表示低，9表示高。也許同時為一組營業員評分更好，這樣評分中增加了比較因素。然後，按 1 至 9 的評分等級為營業員對銷售的關心程度評分。

表 1-1　有效推銷性搭配表

推銷方格 顧客方格	1.1	1.9	5.5	9.1	9.9
1.1	－	－	－	－	－
1.9	－	＋	０	－	０
5.5	０	＋	＋	－	０
9.1	０	＋	＋	０	０
9.9	＋	＋	＋	＋	＋

找出你公司營業員的現有銷售方式，可以使你更好地瞭解為什麼其中一些人的工作比他人更見效。公司經常請優秀營業員介紹銷售經驗，而許多情況下，這些銷售員之所以成功，是由於他們的銷售方式在網格圖的一軸或兩軸上得分較高。

初次請營業員使用網格圖為自己的銷售方式評分時，83%的人認

為自己的方式對顧客、銷售的重視均為「9.9」。但經過以網格圖為內容的培訓後，上述百分比降為33%。布萊克和穆頓解釋說，營業員通過自我檢查和參考同事對自己的評估(這種回饋來自培訓班上營業員扮演買賣雙方的活動)，對自己的銷售方式有了更好的瞭解，所以「對自己銷售方式抱有幻想的人減少了 50%」。顯然，在營業員培訓班上進行系統評估是很重要的，這樣有助於營業員對自己的銷售方式有真實的瞭解。

　　布萊克和穆頓及其培訓班學員都歡迎「9.9」方式——他們認為這是最有效的銷售方式，也是唯一一種能處理所有購買行為的方式。該網格圖可以幫助營業員調整自己的銷售方式，向理想方式努力。

　　下列是「9.9」方式的幾個特點：

・有產品的專業知識

・獲得對顧客的深入瞭解

・在推銷訪談中努力使顧客積極參與其中

・幫助顧客做出合理的購買決策

・自願給予顧客免費幫助

　　不過，該網格圖並沒有規定應使用何種方式。應鼓勵營業員找出最適合自己也最有效的銷售方式，並在大多數銷售活動中堅持這一方式。他們也應認識到自己需有一種備用方式。在可能遇上困難和緊張情況下使用。通過網格圖可以得到理想的備用方式，也能對自己的備用方式進行修正。布萊克和穆頓認為，在選擇理想方式和備用方式時，對網格圖的兩軸怎樣組合都是可能的，但很明顯，接近「9.9」的方式更為合適；「1.1」方式多半是不大有效的。

六、瞭解您自己的心態

為了讓每一個人瞭解自己的心態，布列克和蒙頓兩位教授合編了一份測驗卷，供大家做自我測驗，這份測驗題共分成六題，每題有五個陳述句，請將這五個「陳述句」看一遍，然後在最適合您自己心態的陳述句之前寫下 5，在次適合的陳述句之前寫下 4，依次類推，在最不適合自己心態的陳述句前寫下 1。

表 1-2　瞭解自己心態的測驗題

第一題	A₁ 我接受顧客的決定。
	B₁ 我對維持良好之顧客關係甚為重視。
	C₁ 我會尋求一種對客我雙方均為可行的結果。
	D₁ 我在任何困難狀況下，都要得出一個結果來。
	E₁ 我希望經由雙方之瞭解與同意而獲得結果。
第二題	A₂ 我對顧客之意見態度都能接受並且避免提出反對意見。
	B₂ 我喜歡接受顧客的意見與態度更甚於去表達自己的意見與態度。
	C₂ 當顧客的意見或態度跟我不同時，我採取折衷辦法。
	D₂ 我堅持我的意見與態度。
	E₂ 我願意聽聽別人不同的意見與態度，我有自己的立場，但是當別人的意見更為完善時我能改變自己的立場。
第三題	A₃ 我認為多一事不如少一事。
	B₃ 我支持鼓勵別人做他們所想做的事。
	C₃ 我會提供積極的建議以使事情的進行順暢。
	D₃ 我瞭解我所追求的，並且要別人也接受。
	E₃ 我把自己全部的精力投注在我正在做的事情，並且對別人的事情熱心。

第四題	A₄當衝突發生的時候，我經常保持中立，並且離開那個是非圈。 B₄我會儘量去避免產生衝突，但是當衝突發生時我會設法去消除。 C₄當衝突發生時我儘量保持公平與鎮定並設法找出一個公平的解決方法。 D₄當衝突發生時，我會設法去擊敗對方，贏得勝利。 E₄當衝突發生時，我會設法去找出原因，並且有條理地尋求解決之道。
第五題	A₅為保持中立，我很少被激怒。 B₅因為會產生情緒干擾，我常常以溫和、友善的方法和態度來待人。 C₅在情緒緊強時我不知如何去避免更進一步的壓力。 D₅當情緒不對勁時，我會保護自己抗拒外來之壓力。 E₅當情緒不對時，我會隱藏它。
第六題	A₆我的幽默感，常讓別人覺得不知所云。 B₆我的幽默感主要是為了維持友善的關係，希望藉幽默感沖淡事情嚴肅性。 C₆我希望我的幽默感有說服性，可以讓別人接受我的意見。 D₆我的幽默感很難覺察。 E₆我的幽默感一針見血，即使在高度壓力下仍可維持幽默感。

　　做完之後，請將每一題中，每一個陳述句的分數填在表 1-3 的空格上，然後按縱行加總合，分數最高的那一行，就是你的推銷心態。

　　推銷方格是一種很有效的推銷能力啟發工具，根據美國訓練與發展專刊報導，經過實驗的結果，發現 9.9 型的營業員在績效方面要比 5.5 型的營業員高三倍，比 9.1 型的營業員高 7.5 倍，1.9 型的營業員高九倍，1.1 型的營業員高 75 倍。

這一套方法可以幫助每一位從事推銷工作的朋友發現自己的能力，矯正自己的缺點，把自己訓練成一個高效率的「問題解決者」，一個無

往不利的推銷尖兵。

表 1-3　推銷心態分數總表

題　別 心態	第一題	第二題	第三題	第四題	第五題	第六題
1.1	A_1___	A_2___	A_3___	A_4___	A_5___	A_6___
1.9	B_1___	B_2___	B_3___	B_4___	B_5___	B_6___
5.5	C_1___	C_2___	C_3___	C_4___	C_5___	C_6___
9.1	D_1___	D_2___	D_3___	D_4___	D_5___	D_6___
9.9	E_1___	E_2___	E_3___	E_4___	E_5___	E_6___

七、營業部門的銷售管理方案

（一）年度行銷計劃

1.年度銷售目標

⑴全年營業額目標 XXX 萬元。

⑵全年利潤目標 XXX 萬元。

⑶新產品銷售目標 XXX 萬元。

⑷整合原有銷售管道、拓展新銷售管道、完善銷售平台。

⑸完善行銷工作人員管理體系。

2.基本銷售計劃

⑴管道管理。

①保持「企業──經銷──零售」的管理模式不變。

②加強形象店的建設。

③減少經銷商數量，提高經銷商品質。

④為新的產品線建立新管道。

⑵行銷人員管理體系。

①建立區域責任制，打破原本區域內銷售、零售、行政各自向總部相關部門彙報的方式，改設區域總經理，全面負責區域內部銷售、零售、行政及各項促銷活動。

②除了為各個區域安排相關負責的行銷工作人員，還要為不同的產品線安排行銷工作人員，與區域行銷工作人員形成矩陣式的管理結構。

③下放更多權力責任到各個區域分公司。

④提高促銷人員素質，加強銷售培訓。每個區域增設培訓主管一名。

⑶其他重點銷售計劃。

①新增促銷管理員，每人負責 30 個店鋪，定期進行訪問並調查促銷活動的進展狀況和促銷效果。

②新產品庫存量控制在保證零售店一個月的銷售量左右。

③改進零售店員工的獎勵機制。

④配合市場部的廣告計劃和推廣計劃進行銷售品類分析。

⑤對不同區域、不同品類產品的銷售情況進行分析，重點分析新產品銷售情況。

（二）銷售部門計劃

1. 分解銷售目標

將企業銷售目標分解至各個部門與區域，制定部門銷售計劃。

各個部門將銷售目標分解至個人，每月進行監督管理。

2.銷售計劃彙報項目

(1)銷售量完成情況。　　(2)貨款回收情況。

(3)客戶拜訪情況。　　　(4)銷售費用支出情況。

(5)促銷活動的效果。　　(6)重點客戶銷售情況。

(7)新客戶發展情況。　　(8)競爭對手動態。

(9)工作中的問題與建議。

(10)下一階段的工作計劃。

3.行銷工作人員/銷售部門工作彙報表

銷售人員或銷售部門的工作彙報表。

表1-4　行銷工作人員/銷售部門月工作彙報表

行銷工作人員姓名/銷售部門名稱						
管轄區域				日期		
客戶名稱	客戶類別	接洽人	拜訪時間	訪問目的	商談結果	備註
本月銷量總計						
本月收款總計						
客戶問題及解決方案						
市場動態及競爭對手信息						
正在進行的促銷活動及已完成的促銷活動效果						

（三）重點客戶銷售計劃

1.劃分重點客戶

(1)將上一年度累計銷售總額超過 1000 萬元的客戶劃分為重點客戶。

(2)將最近三個月累計銷售總額超過 500 萬元的客戶劃分為重點客戶。

(3)將最近半年開發的且最近三個月累計銷售總額超過 300 萬元的客戶劃分為重點客戶。

2.維持重點客戶

(1)對重點客戶的銷售計劃即時跟進，每月編制重點客戶相關報表。

(2)配備專門的行銷工作人員跟進對重點客戶的管理。

(3)賣場面積大於 200 平方米的銷售點，每月促銷費用按該賣場當月銷售額的 2%計算。

(4)凡客戶開設面積大於 200 平方米、位於一類商業區的形象店面，給予裝修和贈品補貼。

(5)每月銷售額超過 200 萬元的客戶，給予額外的贈品補貼，並為其購買廣告位。

(6)每月銷售額超過 100 萬元但小於 200 萬元的客戶，給予額外的贈品補貼。

(7)制定專門針對重點客戶的銷售返利活動。銷售返利可參考表 1-5 實施。

表 1-5　某企業銷售返利情況表

客戶名稱	銷售返利情況
當月銷量低於 150 萬元	無返利
當月銷量 150 萬元以上	現金 10000 元返利
當月銷量 200 萬元以上	現金 15000 元返利
當月銷量 250 萬元以上	現金 20000 元返利
當月銷量 300 萬元以上	現金 30000 元返利

（四）銷售目標管理制度

1. 確定銷售目標

⑴確定企業的年度銷售目標。

⑵將年度銷售目標分解至季、月。分解目標時需要考慮產品銷售的淡季與旺季，合理分配指標。

⑶將銷售目標分解至不同的銷售區域與銷售部門。

⑷各個銷售區域與銷售部門將目標分解至相關人員。

⑸該年度如需推出新產品，則對新產品的銷售目標進行獨立的銷售預期，並根據銷售預期安排銷售資源的投入。

⑹根據年度銷售目標預計年度銷售利潤、為達到銷售利潤目標，有效制定和管理銷售預算。

2. 銷售目標確定的依據

⑴企業上一年度的銷售業績。

⑵市場發展速度。

⑶企業的市場佔有率目標。

⑷企業上一年度廣告促銷投入和銷售業績之間的關係。

⑸企業銷售區域、銷售部門、行銷工作人員的數量與銷售業績之間的關係。

⑹企業上一年度年末鋪貨的力度。

3.新產品銷售目標確定的依據

⑴新產品上市日期。

⑵新產品的域覆蓋。

⑶新產品的市場規模和目標消費群體數量。

⑷新產品的發展潛力。

⑸新產品的廣告投入。

4.銷售目標完成情況的監控

⑴每個月對銷售目標的完成情況製作報表。

⑵每個月對銷售費用、銷售預算的管理進行報表分析。

⑶每個月對重點區域、重點經銷商進行獨立的分析。

⑷每個季對銷售目標的完成情況進行分析,提出相應的建議。

⑸每半年對銷售目標完成情況進行回顧總結,根據市場環境等各方面因素的變化,可申請調整當年目標。

(五) 銷售計劃的管理辦法

1. 產品計劃

明確本年度企業投放市場的產品品種、類別及新產品上市計劃。

2. 管道計劃

明確本年度銷售管道的劃分,重點管道的發展策略和新管道的開發計劃。

3. 銷售目標

確定本年度銷售目標。銷售目標的確定需要參考各方面的因素,

尤其是近三年的銷售業績、銷售增長率、市場銷售預期等資料。

　　銷售目標需要分解至季、月，根據銷售淡季與旺季相應的在全年合理地設置季、月銷售目標。

表 1-6　某企業產品銷售資料表

月份	2020年業績(百萬元)	2021年業績(百萬元)	2021年增長率	2022年業績(百萬元)	2022年增長率	3年總計(百萬元)	月銷售比例
1	78	82	5.13%	93	13.41%	253	7.16%
2	72	76	5.56%	89	17.11%	237	6.70%
3	74	77	4.05%	91	18.18%	242	6.85%
4	86	89	3.49%	95	6.74%	270	7.64%
5	98	102	4.08%	1]0	7.84。	310	8.77%
6	103	111	7.77%	125	12.61%	339	9.59%
7	114	123	7.89%	145	17.89%	382	10.81%
8	116	125	7.76%	152	21.60%	393	11.12%
9	99	103	4.04%	116	12.62%	318	9.00%
10	83	92	10.84%	101	9.78%	276	7.80%
11	78	83	6.41%	94	13.25%	255	7.20%
12	80	84	5.00%	96	14.29%	260	7.36%
合計	1081	1147	6.11%	1307	13.95%	3535	100.00%

4.銷售費用

　　確定各項銷售費用的構成，包括行銷工作人員的薪資、促銷費、差旅費等。

5.促銷計劃

根據年度促銷預算策劃促銷活動，包括促銷點的規劃、買贈活動的策劃、促銷贈品的發放、促銷人員的安排等。

6.資金計劃(包括貨款回收計劃)

企業全年產銷鏈中至關重要的環節就是現金流管理與銷售資金進出計劃，其中貨款回收計劃決定整個資金計劃的順暢執行。

因此，對回款進行有效的監督管理，制定相應的計劃勢在必行。貨款回收監控表如表 1-7 所示。

表 1-7　貨款回收監控表

月份	銷售金額	回收計劃			賒款餘額	回收率
		現金	3 個月內票據	3 個月以上票據		
1						
2						
3						
4						
5						
6						

7.銷售組織架構

明確本年度銷售組織的架構、各層級銷售隊伍的配置。將銷售目標分解至相關部門和相關人員，制定合理的行銷工作人員獎金制度，為每個區域合理的配備銷售隊伍。

8.庫存與倉儲運輸計劃

控制合理的庫存，配合訂貨有效地管理產品的倉儲運輸。

（六）發貨收款的管理辦法

1. 訂貨的流程

(1)接受客戶的訂貨要求，包括透過電話、傳真、快遞等各種管道。

(2)對應的銷售主管填寫訂貨登記表格並上報審批。

(3)銷售負責人查閱該客戶是否已與企業簽訂訂貨合約。如有合約，則按合約條款審核訂貨；如沒有合約，則轉交銷售部負責合約簽訂的小組，待合約簽訂後再按照合約條款進入訂貨程序。

(4)根據庫存數量、生產計劃、訂單狀況，結合貨款回收的狀態，對資金流進行分析和預計，以確保資金流的順暢為前提確認訂單。

(5)銷售負責人檢查雙方之前的交易記錄，如貨款結算等方面沒有問題，則完成訂貨表單的審批，交相關人員執行並附送相關部門備份。

(6)根據訂單狀況與生產部、計調部溝通產品供應計劃。根據合約條款，部份客戶需要在支付定金後再行安排產品生產與調配。

(7)根據目前的產品庫存數量、產品生產週期，確定發貨時間。

(8)如現金結算貨款，則待貨款到達後組織產品發貨。

(9)保持庫存結構的合理性，合理控制庫存、有效管理庫存。

2. 發貨流程

(1)填寫一式多份的發貨單，明確客戶位址、產品名稱、規格、數量、裝箱方式、運輸方式等各種信息。

(2)相關主管審批發貨單，交財務部等相關部門進行後續操作。

(3)檢查發貨之前的情況，例如，貨款是否到位、對方如何對貨物進行簽收等。

(4)根據合約要求，可要求客戶到倉庫驗收貨物，並在購貨單上簽字確認。

(5)我方負責貨品托運時，需註明運貨責任的歸屬或保險費用的承

擔者。

3.應收賬款的流程

(1) 建立本制度的目的

・監督應收賬款的及時回收。

・減少產生呆賬、壞賬的概率。

・規範收款入賬、計提壞賬準備的流程。

・以財務部定期為行銷工作人員和收款人員進行票據培訓。

(2) 催收款的處理

・當月賬款來能於次月 10 日之前回收的，列為催收款。

・財務部每月及時統計催收款項目，提交銷售部。

・銷售部安排相關的負責人進行款項催收。

・如 20 個工作日內仍未解決催收款問題，則提交銷售副總監監督管理該筆催收款。

・如 40 個工作日內仍未解決催收款問題，則將該筆催收款轉為準呆賬。

(3) 收款規定

・如果客戶直接支付現金至行銷工作人員手中，行銷工作人員必須第一時間填寫繳款單交會計人員點收。

・在客戶承諾支付款項並開出票據後，行銷工作人員必須及時與財務部核對，確認款項的到賬情況，並及時與客戶確認，更新相關表單。

・財務部為每位客戶開立應收賬款明細表，逐筆登記相關客戶的賬款回收狀況。

・財務部每月編制應收賬款月報表，提交銷售部。銷售部相關負責人根據報表情況及時跟進賬款回收。

(4) 準呆賬的處理

·40 個工作日以上仍未解決的催收款,列為準呆賬。

·客戶已經宣佈倒閉或已被法院查封,則其相關款項列為準呆賬。

·支付貨款的票據一再被無理由退回,且處理時間超過 40 個工作目的,列為準呆賬。

·原則上,貨款轉為準呆賬之後,各項手續轉交至企業法務部。

·如法務部採取和解的方式,則法務部與銷售部共同與客戶協商解決。

·如法務部採取訴訟的方式,則銷售部配合法務部提供各項材料。

·如呆賬、壞賬的產生涉及企業內部責任人,則追究相關人員的失職責任。

·行銷工作人員離職或調職時,必須清楚移交相關應收賬款事項。

第 二 章

營業員的九大殺手

一、光是拜訪，不想贏得銷售

企業的目的是在追求利潤，推銷是在贏得銷售，並非在頻頻拜訪，拜訪只是推銷的手段，贏得銷售才是目的。

很多營業員，整天非常忙碌，忙於拜訪客戶，然而業績並不好，因為他們犯了「捨本逐末」的錯誤。忙於拜訪，而沒有立訂目標，下決心要求訂單。事實上沒有拿訂單的拜訪是無效的，除非是增進感情的特別拜訪。每次的拜訪，對企業而言都是要花相當的成本。

營業員一：「我介紹給你的這部機器，是目前市場上同類型機種中最好的一種，它不但能產生自我潤滑作用，而且齒輪大小的比例可以自由變換，機器腳架也能任意調整。這種機型比其他同類型機器輕很多，移動起來非常方便。此外，這部機器表面鍍上了一層鉻，可以防止生銹。」

可能的顧客：「我現在想知道你這部發動機能引入多少能

量？」

營業員二:「這點你大可不必擔心啦！我們所使用的活門是時下最新型的設計。以前那種老式的活門，有些顧客不太滿意，現在我們換了這種最新型的，絕對不會再發生任何問題了！」

營業員三:「……啊呀！那是騙人的啦！徐先生，我賣的才是真正你所需要的，如果您買下來的話，保證您會對它非常滿意的！」

顧客:「是啊！它看起來相當不錯！」

營業員:「現在我們正好有存貨，可以給您限時專送，您將很快拿到貨。」

顧客:「嗯！」

營業員:「您對它還有其他任何的問題嗎？」

顧客:「目前還沒有，但是，我還會想想看！」

營業員:「OK！您再仔細想想，我相信您會很滿意的。」

顧客:「或許我會發現問題，到時候再告訴你。」

營業員:「好的！等下次我出差時再來拜訪您！」

看例子，可以很明顯地發現錯誤：營業員一只是將產品的特點一股腦兒地說出來，卻未能告訴顧客他可以得到什麼具體的好處。營業員二對顧客的問題做了正面的攻擊，不但沒回答對方的問題，反而搶走了對方說話的機會。營業員三所做的結論欠佳，雖然他一再向顧客保證可以限時專送，但這只是附帶的，不是有力的結論。以上這三項錯誤，追根究底，都來自同一個毛病——對推銷的內容缺乏計劃，只是為拜訪而拜訪。

　　大多數的營業員無論是對其產品或服務，總有大量的資料，他們對產品的特性瞭若指掌，不但瞭解產品每一特色的利益，而且也瞭解產品能解決何種問題；他們曉得何種顧客為什麼會喜歡這種產品，何種顧客為什麼會對它不歡迎；他們對產品的過去歷史、與其他產品競爭時的有力點與弱點也很清楚……，總之，營業員瞭解有關產品的各式各樣數不盡的資料。

　　由於對產品太瞭解了，以致營業員對自己的促銷能力過分自信，所以在推銷拜訪時，往往未能事先做週詳的計劃。對談話的內容倘若能有預定的計劃，將使營業員擁有一座心靈的圖書館——對所有的事實能有更深入的瞭解，進而使顧客對產品有更大的興趣，這總比在推銷時使勁地向顧客費盡口舌要輕鬆多了。一份良好的計劃，不但能使營業員應對從容、回答得體，更能使營業員在電話中反應敏捷靈活，而收到意想不到的效果。

二、強調產品特色，忽略顧客利益

　　有個推銷冷凍系統的營業員，他是一名經過訓練的工程師，對產品機器方面的特色有極豐富的知識。最近他即將做一次展示活動，於是，費了很大的勁做了最週詳的準備——他搜集了所有技術性資料，包括：測試、品質控制程式、耐力、使用何種原料、操作效率圖等等，還有分期付款的手續。雖然這位營業員計劃週詳，他所賣的產品性能也很卓越，然而，最後他的推銷仍然失敗了。問題就出在——他沒有告訴顧客他賣的東西對顧客有什麼好處。

　　推銷時應多站在顧客的立場，告訴顧客能得到什麼利益，這是最基本的銷售原則。可惜許多營業員卻只顧及產品本身的特點，而忽略

了顧客的利益。所謂「利益」，是顧客從營業員推介的產品中，所能得到的好處，假如對顧客沒有什麼具體的好處，那就沒有利益可言了。而「特色」是指能產生利益的特性·如果，營業員對顧客強調產品特色，而不直接提出有何利益，這顯然就本末倒置了。

為了在銷售時，營業員能提出對顧客有效的利益，營業員必須具備下列的知識：

① 徹底瞭解產品及其用途。

② 充分瞭解顧客以及他們的需求與願望。

舉例來說，營業員與其描述品質管理的特色，倒不如強調：產品的使用年限、不需太多保養費、保證品質絕不發生故障……。強調產品的精美與耐用對顧客的好處，比較容易被對方所接受，因為這類高品質產品對顧客較有實際的利益。那些技術性的資料應該只是用來解釋為何對顧客有好處，或用來解釋它和成本的關係罷了。

顧客最關心的莫過於產品能為他做什麼、能帶給他什麼好處。假如營業員不能超越產品本身的特色、不能將具體的利益呈現給顧客的話，那麼，他將會失去銷售的大好良機，甚至將一門好生意搞砸了。

例如對零售商店的經理而言，他最關心的是淨賺多寡，而這個爭取淨利的終極目標，仍要靠其他的許多利益而定，如：增加該商店運輸便利、產品週轉、提供免費贈品、大拍賣……等等，所以，當營業員拜訪零售商店的經理時，應該向他解釋該產品如何增加利潤、促進銷售或降低成本，並應該多應用廣告企劃，多提供能獲得更多利益的銷售重點。

產品所帶來的多項利益，必須符合多數顧客的要求。營業員應該藉著認識及瞭解顧客，使利益能與每一顧客的需求相配合。如果營業員能掌握對張三的特定利益，那麼，同樣地，他也應該能掌握李四、

王二麻子他們各自需要何種利益。

　　例如：某塑膠製品，它的特色是不會生銹，而且很輕。對張三來說，由於他必須將這些塑膠品保存在一個較潮濕的地方，所以，他欣賞壽命長、耐濕性的塑膠製品，換句話說，塑膠不會腐朽正好符合了他的需求。而對李四來說，他要將這些塑膠製品搬到一座龐大、乾燥的辦公大樓內，他也很欣賞這些塑膠品，因為塑膠很輕，讓他的員工們搬運起來絲毫不會覺得疲憊，也正好合他的心意。

　　營業員除了提供顧客個人的利益之外，還要附帶提供事業上的利益。營業員應指出產品能讓顧客工作輕鬆、避免頭痛、或在公司內能博得他人的讚賞等。一項產品如果僅能帶來個人的利益，那仍是缺乏效率、無法銷售成功的。假如，產品能兼顧個人利益與事業利益，兩者相輔相成，那麼，生意興旺則是指日可待了。

　　營業員一旦開始籌備展示活動，首先要考慮它對顧客有何利益，然後寫張表列出 4～5 個最能符合顧客需求的利益。同時，每一項利益也要列出那些能帶來利益的產品特色。最後，輔之以新穎而富創意的點子，或多彩多姿的展覽，這樣的話，不但能證明那些利益的存在，而且也能使那些利益更加戲劇化。將產品所帶來的利益加以講解及戲劇化，是營業員使用吸引大眾注意的花招、提供顧客動態訊息、激發顧客的熱衷，以及獲得顧客信服的最好機會。有許多有效的工具可以協助營業員獲得顧客的信服，例如：消費者正享受著某項利益時的照片、顧客的感謝函、報紙上的新聞、統計的摘錄、例證、圖片、樣品等等。或許營業員很少應用這麼多有利的證據，然而，聰明的營業員將多多少少會加以應用的。

　　營業員要賣給顧客的，是對方所需要的東西，營業員應該告訴顧客他若買下該產品的話，必然可以得到什麼樣的好處。換句話說，營

業員要推銷的應該是顧客所需要的利益。

三、虛度光陰，無法掌握時間

你曾經陷入浪費時間的泥沼中嗎？許多營業員感到時間的難以掌握。等待、報告、搬貨、出差、開會、拜訪、連繫、接電話、訴苦、訂計劃、展示會、閱讀、特別報告——誰還有時間進行推銷工作呢？許多營業員對推銷的時間不夠感到困擾，其實，這是浪費時間的緣故，例如：

· 訪問時，花費太多時間向顧客解釋潛在關係。
· 拜訪一些全然不應拜訪的人（找錯銷售對象）。
· 拜訪一些正好不在家的人（白跑一趟，勞民傷財）。
· 出差時間太多（不僅浪費時間，也浪費汽油）。
· 等候的時間太多（這是一項最劃不來的浪費時間）。
· 未趁早結束推銷（對不可能買的顧客不死心）。
· 結束太早以致前功盡棄（對可能買的顧客缺乏耐心）。
· 優先去做較不重要的工作（浪費了不該浪費的時間）。

以下舉出關於時間的七個問題。假如你有時間的話，不妨每天花幾分鐘的時間來思考一下，以便計劃下週該做什麼。

1：時間花在那些事上？
2：是否能依重要性列出工作細目？
3：記事內容有否加以分類？
4：如何分配時間？
5：所定路線是否適當？
6：這趟出差有必要嗎？

7：處理文件有較好的方式嗎？

四、盲目摸索推銷

搜集資料，在推銷中是極重要的一環，所搜集的資料完整與否直接影響推銷的成敗。假如搜集資料時不得要領，就會像瞎子摸象，既費時又缺乏效果。多數的營業員用發問作為他們的推銷工具，例如，他們談話時用問題作為結束、用問題徵求顧客的首肯、用問題收集許多對市場有利的資料……等等，但是營業員光用詢問作為搜集資料的手段，顯然是不夠充分的。

最好的營業員是以顧客的需求與煩惱作為推銷的基礎。假如顧客的需求與煩惱能被發掘出來，那麼，用有技巧的詢問來搜集事實資料，是非常可行的。假設詢問的問題簡單，或許每個人都會做得很理想，只可惜事實並非如此單純。我們在電視上常看到律師熟練地在詢問證人，並用各種巧妙的諷刺貫穿他的問題。然而，這只是編劇編出來的詢問技巧，真正現實生活中就很難達到這種爐火純青的境界了。

良好的資料，是決定銷售什麼、如何向顧客推介、強調何種利益、如何結束談話的基礎。好的詢問產生好的資料。以下是五種屬於搜集資料式的詢問，在推銷中極具參考價值：

1.尋求正確的資料

詢問應該是要搜集一些有利於銷售的資料，這樣對營業員才有所裨益。假設營業員希望以顧客的真正需求作為銷售的依據，那麼，以下的三種資料是非常重要的：

⑴將產品送給可能的客戶試用。（目前他們用何種廠牌的產品？當提供建議時他們接受嗎？他們有那些我們可以解決的問題？）

⑵客戶如何做最後的決定？（買不買由誰決定？對價格滿意嗎？需要先行試驗嗎？）

⑶產品對客戶的價值？（他們使用的情形如何？產品有何潛力？他們準備要訂購嗎？）

在面對顧客之前，任何營業員能學習到的，都對他有所幫助，因為這些資料可使營業員提出最佳、最準確的詢問，同時可避免問到一些不必要的問題。然而，在許多例子中，營業員在探索問題上往往浪費不少時間。

通常，營業員對其銷售地區必須搜集相當可觀的資料，因此，上述三種資料的搜集必須牢記於心，如此不但可幫助營業員全神貫注於詢問，更可節省許多寶貴的時間與精力。

2.設計能讓對方暢所欲言的問題

假如所提出的問題只能讓對方做簡單的回答，那麼必定缺乏搜集資料的效率。由於營業員有許多問題有待詢問，假設能詢問一些引出大量資料的問題，這對資料的搜集是極重要的，而且具有極大的價值──回答時，若能暢所欲言，顧客或許會主動地透露一些營業員原本沒有想到要探索的有利資料。

例如以下列的問題作為開始：「你如何處理……？」、「你為何如此處理……？」或其他類似可以做開放性回答的問題，這種詢問將有益於資料的搜集。但是，相反地，假如用了讓對方只能簡短回答的詢問，就很難獲得什麼資料了。

3.對敏感的話題採用間接問法

顧客對營業員並沒有一定得說實話的義務。假如你的問題讓他不能不回答，或許他會回答，但答案卻不見得是實情。就像直接問經銷商：「你們總公司是以什麼方法來評估一項新的業務呢？」如果經銷

商覺得他們的方法不夠科學，或他並不太注意這些話，那麼，或許他會佯裝不知，什麼也不告訴你。

　　一個機靈的營業員應以他的判斷力來探索事情的原由，例如他可以這樣問經銷商：「在顧客未決定購買與否之前，市場通常需要何種資料？」

4.做最壞的打算

　　設計問題時，應考慮可能的最壞的答案，及自己容易忽略的答案，而非想像一切問題都會得到令人滿意的答案。以詢問探索資料時，假設你不幸吃了閉門羹，碰上了一鼻子灰，你不必因此洩氣，應再接再厲重新設計較好的問題。以下的例子就是由於詢問不當，造成不良的銷售情境。

　　假如營業員詢問時只顧及獲得顧客肯定的答案，這是一項天真而愚蠢的冒險，最好在心理上能做最壞的打算，才能對任何可能發生的情況隨機應變，並活用對策。

5.對顧客的回答洗耳恭聽

　　用詢問所搜集到的事實資料，好比是銷售的磨坊中備研的穀子，然而，營業員一方面必須全神專注於與顧客談話，另一方面還要細察他所說的和自己所計劃的差異處，在這種情形下，要記得下一個話題該說什麼，是相當困難的。但無論如何，仔細去傾聽顧客所說的每一句話，是絕對必要的。

　　有一種好方法可讓你順利地接上顧客所說的話題，那就是暫時忘了自己所做的介紹、推銷，而只是專心一致地傾聽對方說話，你可以對顧客的觀點做一個結論式的回饋，一方面可讓你有思考的時間，另一方面可藉機對顧客精闢的看法加以讚賞，如此一舉兩得的事，何樂而不為呢？

在美國，有很多人認為「談話」是一項富有競爭性的活動，當兩個人在對話時，誰先屏息沉默下來，他就是傾聽者。然而，對一個訓練有素的營業員而言，他在進行推銷時，就不能有這種「傾聽者就是弱者」的錯誤觀念。

五、輕視計劃

許多營業員往往自認為經驗豐富、口齒伶俐、反應靈活，因此不重視推銷之前的計劃，到頭來，費盡口舌卻不見得有效率，甚至會使即將上門的生意就此泡湯。介紹一位營業員拜訪他的老主顧（某經銷商）的經過。

首先，他花了大約 10 分鐘的時間和這位客戶聊聊最近區域性釣魚比賽的結果，接下來，營業員想瞭解 A 產品的銷售情形。

營業員：「上次那批貨您賣得如何了？」

經銷商回答：「相當不錯呀！我大概賣了六箱以上了！」

營業員：「很好！哦，對了！我們現在新出了一種產品，這種產品和您賣的性質類似，只是改裝成顆粒的，可以用來外敷，效果比液狀的更好。」

經銷商同意地說：「嗯！我想它大概很不錯！」說完後，不等營業員再多介紹，他很快就訂下了這種新產品。

營業員又問：「只訂這些夠嗎？還需不需要多加一些？」

經銷商：「不用了，我想已經夠多了。」

於是，接下來，他們又開始聊天氣、農作物收成情形及這位經銷商的家人健康狀況。過不久，營業員再問：「不需要其他任何東西嗎？」

經銷商：「我想，大概沒缺什麼了。」

營業員：「好的，那麼，我再過兩個禮拜再來。」

看完了這段推銷經過，可別笑！有許多營業員就是屬於這種「漫無目的」型的，他們去拜訪客戶，往往只是因為接到客戶的電話，或必須去做定期的例行拜訪，而不是自己主動去拜訪客戶。這類營業員之所以會如此，大都是由於未能建立一個明確的銷售目標的緣故。

對營業員定期拜訪固定客戶而言，類似以上這種拜訪老友式的訪問，無非是一項愚人的陷阱——營業員接受了一份友善的接待、回答顧客所提出的問題、討論他們的煩惱、和他們閒聊一番……。營業員似乎在讓顧客牽著鼻子走，而不自覺。這種類型的拜訪，就像當你穿了一套藍斜紋嗶嘰西裝時，有人不小心打翻了一杯熱肉湯，正好潑在你的膝蓋上——它使你覺得有股溫暖的感覺，而且沒有人會看出有什麼不對勁。

假設營業員將目標定義為他本身的行動，如「向某顧客展示新產品」，除非買主不與他談話，否則多半可以成交。或許經由這個定義，可以推銷成功，甚至也可能做成一筆原本沒結果的生意。然而，對營業員而言，因為在銷售目標內，他並未區分怎樣的推銷才是真正的成功或失敗，因此，不管推銷後是成功或失敗，都不會為他帶來什麼啟示。

銷售目標的建立是明確或模糊，無形中會使營業員產生一種心理傾向，這種心理傾向會影響他和顧客的溝通方式。任何一個曾經觀察過不同營業員的人，他必定能瞭解：當營業員的實際目標是「打電話推銷」或「得到訂單」時，他的目標會很快變得越來越清晰。

該營業員應該設立下列的銷售目標：

· A 產品的櫃台展示(因為在營業員的計劃中提到該產品已送達

經銷處了)。

· 新產品則開始應有 12 箱以上的訂單。

· 經銷商同意在他的下次訂單內，添購 B 產品。

營業員再度拜訪零售經銷商的銷售目標，這些原則適用於各種推銷。例如推銷一部電腦系統，有必要先訂立一個關鍵性的推銷計劃，假如每一項推銷都有其明確的目標，不但可避免節外生枝，而且可加速達到銷售的終極目的。

六、空手推銷

一張圖的效果相當於用一千個字來表達。你是否能分辨出在推銷時使用視覺宣傳工具(如：圖片、海報、傳單、小冊子、幻燈片、影片等)與否的效果有何不同？

最近有位營業員宣稱，他的每一項宣傳品都會遭遇到三個同樣的命運階段：①他帶它出來，並放在車上的皮箱內。②將它保存在車庫內。③將它丟到垃圾桶去。——視覺宣傳工具不受營業員重視，由此可見一斑了。

美國東部某個城市曾經有件醜聞被揭發：有個送傳票的傳達員時常將所要送的傳票丟到陰溝內，然後回報他已經送好了。這種敗類就稱為「陰溝服務員」。許多推銷工具也像傳票一樣，並沒有得到什麼好的待遇，常被打入冷宮——藏到箱子內。許多營業員信任自己的一張嘴巴，甚於信任推銷工具，因此他們寧願赤手空拳進行推銷。

每個人都知道：推銷時應用視覺宣傳工具，能加深顧客的印象，即使是設計精美的宣傳品，仍然有許多營業員不想用它，這到底是為什麼呢？——心理學家們以「效果率」為我們做了最佳的詮釋：「人們

通常傾向於去做那些對他們本身能產生好效果的事情，而避免去做那些對他們有不良效果的事情。」如果營業員對宣傳品應用不當的話，不但無法得到預期的效果，反而會招來令人尷尬的不良效果，他們自然不愛用宣傳品了。

有兩類基本的視覺宣傳工具——圖解式的與系統化的。圖解式的視覺宣傳工具，是提供銷售重點的文件，例如：贈品、說明書、傳單、圖片或測試結果表……等。每個營業員幾乎都備有這類內容貼切的輔助推銷品，然而，何時才會用到它們呢？時間當然是選在適當的時候，但事實上，營業員們卻未能充分應用它們來增強推銷的效果。

系統化的視覺宣傳工具，例如：小冊子。這種宣傳品圖文並茂，通常在每頁會提出一項與顧客有關的利益，並繪有精美的插圖，這是採取漸進式的系統化呈現方式，來勾勒出銷售的整個輪廓。但它並不是真正的廣告，因為它只包括標題與圖解，裏面並沒有鼓吹顧客購買的辭句，真正在推銷的還是營業員本身。

有幾個重點必須注意：

1. 重視場地佈置

視覺宣傳工具(如：幻燈片、影片)，通常需要配合人體的生理結構來佈置場地，與一般的口頭推銷大大不同。因此，推銷員要有展示宣傳工具的適當場所，要坐在顧客身邊，一面看一面為他詳細解說。此外，推銷員可請顧客介紹一些對此產品有興趣的人一同來觀看。

展示幻燈片或影片時，場所的安排與佈置絕不可忽視，否則一旦效果太差，反而給顧客留下不良的印象，那就弄巧成拙、計畫泡湯了。因此，宣傳，工具與其冒險胡亂弄個不討好的安排，不如徵求顧客的意見做適度的變化或調整。

2.用自己的話表達

當使用視覺宣傳工具時，推銷員不能像鸚鵡一樣只照本宣科，重複別人的話，因為那些宣傳品顧客自己會讀、會看，用不著推銷員唸給他聽。推銷員可以簡單地用自己的話重複一下標題，然後再以自己的方式來敘述宣傳的內容，偶爾很自然地舉些自己想到的例子，或談談和此話題有關的個人經驗，如此較能引起顧客的興趣。

顯然地，一個良好的視覺宣傳工具不會有大量的抄襲。假設讓顧客看完不滿意，顧客會拒絕推銷員給他做任何介紹。所以，宣傳品內應包含一些圖表、圖解、照片，一方面可避免單調乏味，另一方面可幫助推銷員進行推銷。

3.提出對顧客的利益

推銷員假如已搜集到事實資料，並已瞭解顧客的需要了，就可很容易地將資料應用在推銷上。假如右宣傳工具可資利用，更不應該赤手空拳進行機械化的口頭推銷。

宣傳單上的每一頁上，幾手郡會印有一個與顧客有關的利益，推銷員應將這些有利的重點，——對顧客強調，並加以大略地解釋說明，這樣的話，就更具有效果了。

4.以其他的推銷工具做為輔助

許多推銷員以舉例子及看樣品做為推銷內容的一部分，他們或許會用真正的產品或一些有趣的成分，或者會拿一些滯銷貨做為贈品，而視覺宣傳工具的展示，不但不會減損舉例子、贈品的效果，反而能與這些推銷工具相輔相成、相得益彰。

七、漠視顧客的情緒

　　人都會有情緒困擾的時候，即使是我們的客戶也不例外。而客戶情緒良好與否，常常會影響推銷的成敗。但是絕大多數營業員卻忽略了這一點，他們未曾注意到客戶的情緒反應，是高潮抑或低潮，而後再加以適當地處理，使它不至於成為推銷時的「無形殺手」。

　　舉例來說，營業員在推銷之前，若能先妥善地安排、計劃各項工作，那麼當他到達客戶那裏時，就能夠以一種自然的方式把產品介紹給客戶。然而，卻很少有人會注意到客戶的情緒反應，以及客戶當時的表情等等。另外就是，營業員可能用完全相同的推銷方法來和客戶面談，而沒有考慮到每個客戶的情況不相同，所以，對同樣一件事所引起的反應，也會有所不同，因此要隨時變換推銷技巧，以適用於不同的客戶類型。也就是說，不能用「換湯不換藥」的方式，來網盡所有的客戶。再者，有些營業員會忽略了客戶當天的情緒狀態，也許他正好發生了某事而悶悶不樂，如果營業員沒有察覺，還是用愉快的情緒展開會談，那麼效果是不是會大打折扣呢？疏於觀察客戶的情緒反應，不僅會失去成交的機會，嚴重者，更可能失去這個客戶。因此，營業員千萬不能漠視顧客情緒的變化。下列是客戶顯示出情緒不穩的種種跡象，影響客戶，更會使營業員的努力付諸流水。

1.敵對的態度

　　敵對態度的發生，有很多時候是營業員所引起的，而且是在面談之前就已經存在的。引起敵對的態度最普通的一個因素是營業員沒有按照約定如期送貨、交貨等。例如營業員告訴客戶說：「您所需要的貨，我保證 15 日以前送到，您可以放心。」然而，營業員並沒有如

期把貨物送達。於是客戶對營業員也就產生了不信任的態度。避免這類問題的發生，最好的方法就是：不要保證什麼時候貨一定可以送到，除非你能肯定，否則千萬別冒這個險。但是，有時候問題的發生也並不完全是營業員的處理不當。何況和數百個客戶同時進行買賣，誰不會偶爾出差錯呢？有些事不能怪罪於營業員，例如：船期的延遲、商品的瑕疵、金額的計算錯誤等，這是營業員蓄意犯錯的嗎？不！絕對不是的！

敵對態度的發生，另一個因素是純粹客戶本身的問題。客戶也許正好在早上車子拋了錨、和太太吵了一架……等，誰知道呢？只是營業員比較倒楣罷了，正好碰到客戶想發洩一肚子悶氣的時候。

不管怎樣，營業員隨時都有可能遇上這類的事，要如何處理呢？一個絕對不能用的辦法，就是不要想嘗試「以毒攻毒」的怪招，因為那只會使事情更棘手罷了。冷靜，千萬要冷靜！客戶可能批評你，批評你的公司、產品等，但是，千萬不要反駁他，即使他說的全是無中生有的事，你還是不要浪費唇舌去解釋，解釋只會使情況更惡劣罷了。你只要表現出謙虛、關心、願意接受批評的態度，聽他講，然後找出問題的癥結所在，等客戶的情緒發洩完畢，再用適當的詞語加以解釋說明，問題便可迎刃而解了。絕對要避免對客戶說：「你今天不太對勁哦！昨晚失眠了嗎？」這類的字眼，而要說：「是的，我瞭解，這是個嚴重的問題，我能體會你的感受。」等。這些屬於客戶本身情緒上的問題，是營業員無法解決的，但是有關貨品的問題，營業員就要盡力處理了！處理方式的優劣可分為以下五等：

第一等辦法：馬上處理。例如給予合理的賠償，通知會計部門重新計算金額總數，縮短貨品運送時間等。通常人們在獲得對方的行動證明後，就會解除內心的武裝及戒心，因此，推銷時應以行動來緩和

彼此的對立狀態。

第二等辦法：給予一個合理的解釋。有些時候，對客戶的問題必須要經過研究、探討才能找出解決的辦法，因此必須要讓客戶瞭解事實的原由，而客戶通常也較能接受這種處理方式。

第三等辦法：清楚地解釋為什麼問題會發生，強調它絕對不會再發生。切記，你必須要有令人心服的理由！

第四等辦法：用一種暗示的方式，表示問題的發生是情非得已的。如你可以告訴客戶：「因為敝公司和船運公司之間，有些問題尚未協調好，所以誤了貨品的運送，真是抱歉！」

第五等辦法：這是最差勁的辦法，即用不負責的態度來處理問題。如把自己的過失推卸給公司或其他人，當客戶怪罪時他就說：「唉！公司那些人成天不曉得在做什麼，這麼一點小事也會出差錯！」這是一種最要不得的辦事態度，不但會失去客戶，更會使公司的信譽掃地。

當客戶採取敵對的態度時，推銷工作會受到阻礙；營業員如果對客戶的敵對態度置之不理，整個推銷工作就無法進行了，因此營業員在展開工作之前一定要先觀察，而後化解之，才能圓滿達成任務。

2.漠不關心

漠不關心的情緒，對客戶來講好像是稀鬆平常的事，但是寒霜總會有解凍的時候。客戶的情緒會由外在的事物影響而改變，幽默就是最好的解凍劑，它能夠化解客戶的漠不關心，引起他的關心及注意力。但是幽默不是戲謔、嘲笑，更不是以揭人隱私為樂；如果幽默流於惡意的中傷，那麼收到的就會是反效果了，所以要治癒客戶漠不關心的情緒，就要用友善、溫和、令人莞爾的幽默來引起他的共鳴，甚至不管客戶對你的態度如何，你一定要顯示出對他有強烈的好感，才

能夠使他由漠不關心的情緒,一變而成積極的支持者。

改變客戶漠不關心情緒的另一套有效策略,就是和客戶閒話家常,聊及以前發生的事情,它的影響或後遺症等等;這類話題不管是生意上的或私人的,都會使客戶覺得,你像個朋友一樣的關心他,而讓對方除下防衛的面具。

「親善外交」也是一帖良藥,雖然說有些客戶實在難以接近,但是營業員還是要努力去做,向客戶表示友好、話話家常、不定時的聚會等,都可以幫助營業員達成良好的人際關係。利用營業員本身散發的熱情,也是一種無形的影響力,尤其是熱情具有傳染的特性,它可以使客戶的心情輕鬆、愉快,進而對營業員的產品發生好感。

生動、活潑、吸引人、具戲劇性的推銷展示會提高客戶的情緒,使客戶有一種身歷其境的參與感。安排各種不同類型的銷售展示,也會使冷漠的客戶在心境上得到適當的舒緩。

當客戶用漠不關心來偽裝自己時,營業員就要找出偽裝背後的真正含意,不要讓它蒙蔽了事實,如此才能有效地展開面談,對症下藥。

3.恐懼感

客戶通常避免對購買與否做最後的決定,這是為什麼呢?不是客戶蓄意的刁難,也不是客戶缺乏誠意,而是客戶憂懼購買後可能發生不良效果。就如超級市場的採購經理向營業員買了某種貨品,原以為銷售量會很好,效果卻不盡理想,這時候他就會受到指責;如果買的機器,它的性能不佳,原廠的服務也不好,那麼他就會成為千夫所指的對象,因此客戶就會對採購遲遲不敢下決定了!

要克服客戶的憂懼有很多方式,先來看看下面的情形:營業員要求客戶變換廠牌改向他購買,或是嘗試另一種新的品牌,因為這樣可以幫助客戶增加銷售量,得到更多的利潤;但是客戶很可能遲疑不

決,害怕弄巧成拙;這時候營業員要如何解開這個結呢?營業員可以先用溫和而堅定的眼神注視著客戶,然後用緩慢而具有說服力的語氣告訴客戶產品的優點,改變廠牌能獲得的好處等,遇上重要的地方,還可以自然地加上動作表情,給予客戶充分的信心,克服他的恐懼感。

營業員應時常提醒顧客,某人買了本產品。告訴他有的顧客剛開始也是有點害怕,但使用了之後感到非常滿意的經過,並將保證書給他看,並提供一些客戶的名單,建議他去拜訪或打電話給這些因為買了本產品而帶給他們很多好處的客戶,並以很自然的方式對他說:

「大部份的人買東西都希望有保證,我想您在決定購買前也需要如此,為何不……」

日本國際電器公司,有個叫「協力者俱樂部」的組織,這些協力者是買了國際牌的產品,非常滿意而組成的,專門作為顧客購買前的諮詢者。

產品在運送過程中要確信完美無缺,而且經銷店及品質管理經理都要共同來確保產品本身品質,不要讓顧客買了回去而發現有問題,這樣會損害公司的信譽。所以假如你能保證產品從公司到消費者的過程就像降落傘一樣的安全降落,那顧客將會更有信心來購買。

4.品牌的忠誠度

⑴忠誠就是對產品的讚美:顧客對品牌的忠誠度也就是對產品的信心。有時候營業員會碰到所賣產品比競爭對手好,但是顧客對競爭者的忠誠度相當高。這種人以他的忠誠度感到驕傲而會告訴你:

「你是好的營業員,賣的產品相當好,但是我和李四生意來往已經有十年之久了,他們的產品是第一流的,服務也是一流的,所以我無論如何也要買他們的貨。」

⑵尊敬他的忠誠:由上述的例子,看起來要跟他做生意是很困

難，但絕不要放棄。假如你處理得當的話，將會或多或少做點生意，要對他的忠誠感到欽佩，或許可以對他說：

「我能夠瞭解，長期的生意往來，良好的售後服務使您對李四很忠誠。我也非常欣賞像您這樣的顧客，假如能跟您一起做生意的話，我一定盡我所能為您服務，使您也能同樣信任我。」

大部份的專業營業員都認為這種情形下，要讓顧客改變他的心意而變換品牌，簡直是不可能。最好的方式是先讓他買小額的貨，不要求多。一旦他買了一點貨，你的局勢就改觀了，在訂單上你不再是門外的窺視者，你變成了供應者。接下來你可以將劣勢轉為優勢，慢慢將銷售量增加。

對以上這種顧客——有固定長期供應商的人，最佳的處理方式就是保持連繫，對他的忠誠深表敬佩。一步一步地誘導他先訂小量的貨，然後再想辦法增加訂貨比率。

5.自我中心

營業員經常忽略了顧客的「自我中心」，而喪失了很多銷售機會。假如顧客表達了他的情緒，營業員必須讓他毫不保留地表露出來，甚至鼓勵他把內心的感覺講出來，因為心理學家告訴我們：讓對方說出他內心想說的話，會改善彼此的關係。

舉個例子：當顧客提到最近他在某項工作上的成就，而營業員常犯的錯誤就是，忽略了顧客當時心裏的那份得意，只是一味地顧著自己的推銷，不會利用這種機會追問他是怎樣地努力？怎樣地成功？這種機會稍縱即逝。優秀的營業員，會對顧客的成功經驗發生興趣，會分享他成功的滿足與快樂，並運用技巧的問話，鼓勵他把成功的過程講出來。如此一來，顧客會覺得你很談得來，氣氛會顯得格外融洽，此時要達到銷售的目的，就不困難了。根據購買動機研究報告——購

買時的心態可分為理性與感情兩種，基於感情作用而購買的佔 3/4，基於理性而購買的佔 1/4，所以訴諸於感情的推銷往往會收到意想不到的效果。

營業員應讓顧客的「自我中心」發揮淋漓盡致，他買的是看不到的「自我價值的肯定」，所以他希望你：①分享他的快樂與痛苦；②為他解決問題；③迅速為他處理事情及服務；④笑容迎接他等。換句話說，營業員應多關心顧客變化多端的情緒，多察言觀色，並以「顧客導向」作為推銷的基礎，活用對策，那麼，銷售成功則是必然的！

八、對推銷缺乏突破

推銷在所有行業中，算是最有挑戰性及創造力的一種。它需要從事者不斷的求新、求變，不斷的自我成長，才有辦法成為個中翹楚。因此營業員千萬不可讓自己的生活被單調的日常瑣事所腐蝕，否則失去的不僅是客戶，甚至是整個事業生涯。

由於時代的變遷，使環境變幻莫測。威利羅門所著「營業員之死」一書中指出，因為男主角並不認為推銷就像球賽一樣，需要很專業的技術，所以他做什麼事都很魯莽，以致到了中年，還要去找一份內勤的工作，最後以悲劇收場。過去社會變遷較慢，但今日的社會，步伐迅速，一切講求效率。

時代在改變，我們的推銷方法也不能墨守成規、一成不變，應該時時地自我啟發、自我學習，來接受這些挑戰。以下幾點是營業員自我啟發應注意的事項。

1. 根據自己的經驗來學習

經驗就是最好的老師，在每次拜訪完畢，不管有沒有訂貨，總是

要將所發生的情形做個分析,每個人在拜訪客戶時,都有出窘的時候,也有意外收穫的時候,更有做出漂亮的表演示範的時候,這些都可以作為日後增進推銷技術的參考,無論成功或失敗的經驗都有幫助。

⑴當推銷沒有成功,也不要灰心,不要自責,重要的是把原因找出來,下次拜訪碰到類似情形,可以作為借鏡,也不要埋怨顧客,因為他買別人的產品,對他來講可能是件遺憾的事。

⑵當推銷成功時,也要問自己:「他真正向我們買的理由在那裏?是表演示範成功嗎?若是,好在那裏?下次也可用這種方式來推銷。」

要做到以上的分析,實在不容易。很多推銷訓練師、推銷經理幾乎每個禮拜在強調,甚至用影片將錯誤指出,讓大家來討論,無非是想藉著這些實務,讓營業員都能自我啟發、分析及改善技巧。

2.根據別人的經驗

若有別人與你一起推銷,這是很可貴的機會,伴同推銷的人或許是業務經理、其他營業員、服務代表⋯⋯等,不妨在拜訪客戶後,請他們指出你的優缺點。從實驗室出身的技術代表,他雖無法告訴你如何組織銷售示範表演,但他可以提供一些技術資料,協助你做產品特性的說明。

和同伴一起拜訪後,你也可以向同伴者問一些特定的問題,這些特定問題,可以給你們所需要的回饋,尤其是關於顧客反應的感想,對營業員特別有幫助。例如問:

「你認為客戶最感興趣的是那一點?」

「顧客最不關心的是那一點?為什麼他不關心?」

另外一個可以得到回饋的方法,就是「角色扮演」,請伴同者表演當時的情況給你看,讓你自己發現優缺點。若有時間的話,不妨將

整個推銷過程錄成錄影帶，然後在銷售會議上做個檢討。

3.基本工具

每一個拜訪都很重要，假如要讓您的專業推銷保持完美，則隨時都要增加新資料、新的銷售工具——諸如電腦終端機、投影機……等，也要加強推銷前的計劃、發掘顧客的需要、傾聽顧客的利益等技巧。

4.設定目標

設定目標才能自我警惕以求發展，設定目標是為了達成銷售，否則會漫無目的地工作。

若要自我啟發，可以利用晚上時間進修，這對營業員來說，是件很困難的事情，因為出差啦！晚上推銷啦！寫報告啦！都會造成干擾，然而應該利用時間閱讀研究公司的手冊、技術資料，並調查顧客及企業的各項資料……等，這些都是增加業績，自我啟發的好方法。

例行公事的拜訪會造成對推銷的厭倦，缺乏興趣，這是營業員常犯的錯誤，墨守成規不但會失去鬥志，終究會變成拿訂單的阻力，這對企業及個人來講是相當危險的，因為在這競爭、變化多端、專業的推銷世界裏，想要取得訂單，重要的是如何創造出購買的氣氛，讓顧客有購買意願。

九、對客戶有成見

要瞭解顧客的購買動機，對於一個專業營業員來說誠非易事，但是也值得花時間來研究及思考。在推銷術中，營業員很容易犯的一個明顯錯誤，就是以顧客的個性盲目區分顧客的類型。

無可否認，很多人在很多方面，有類似的地方，尤其是有共同的

基本需要——食物、安居、自我生存……等，但是人也有不同的地方，心理學視為個別差異，那麼該如何區別每一個人的差異呢？

有兩個分類顧客常犯的毛病就是——千篇一律與投射作用。

1. 千篇一律

將相同個性及看法的顧客歸成一類，例如「他們都對價格有興趣」，如此判斷將導致無法做訪問計劃，無法搜集情報。

無論如何，這並不意味著我們以顧客羣的個性為基礎，無法預測出他們的行為。廣告的訊息是要針對可能購買的顧客層面下功夫，但若要以羣體的行為來預測個別的行為，有三點必須注意：

(1)盡可能利用更多羣體

每個人都屬於不同的羣體，而這些羣體包括：教育背景、社會地位、產業經驗、職業、嗜好以及工作型態。不同的羣體表現出不同的行為，例如甲客戶可能是高中畢業，擔任某工廠的助理，從事技術工作已達 35 年，是個有經驗的工程師，也是個修理鐘錶的愛好者。而顧客乙可能是英國人，主修企管，碩士學位，擔任生產計劃部經理，有六年的工作經驗，是行政專家，有空就打網球及高爾夫球，是個非常愛乾淨的人。

這兩個人在特殊的推銷情形下可能反應會相同，但營業員在準備表演示範的計劃裏，應該事先考慮到他們的不同點。

不管你將顧客分類成多少羣體，切記避免相同的結論，羣體能幫助我們更注意顧客的特性、推銷所應用的展示方法、及可能的拒絕型態，但並不表示他們就是同一心理型態而有共同行為的人。

(2)根據實際經驗來分類不同典型的人

最好的方法是依據日積月累的經驗來分析顧客，舉個例子，假如拜訪不同行業的人，由於工作環境的關係，我們能很清楚地將不同典

型的人加以區分。如賣傢俱的營業員拜訪廣告從業人員與製造業的工程人員，將很容易區分出他們的相異處。

有經驗的營業員很容易判斷出顧客只屬於某一種類型的人，也知道應採取什麼策略來對付他們，這是經驗的累積，但有時因個別差異而難以區分，有時又因同行業而容易區分，所以看起來似乎很複雜，然而卻有些規則可以運用。

羣體的成員愈多，羣體的行為愈難應用於個體，這也是為何以年齡及種族來分類會造成千篇一律的原因。

愈是同一工作性質的羣體，他們表現的行為愈是相同。假如你知道顧客是個泥水匠，總比他是國會議員更容易對付，因為泥水匠的生活型態易於捉摸，其個性及行為易於瞭解，而國會議員中各行各業的人都有，相形之下複雜多了。

你對某一羣體知道的愈多，愈容易預測羣體成員的特性——如你知道他抽煙喜歡用煙鬥，那你就知道他或許也是個喜歡思考的人。

(3)不要急於下判斷

即使你很有經驗，對一些團體的成員也相當瞭解，也不能亂下斷言，分析顧客是很難有一定的方法保證正確，往往愈快下斷言的人，愈容易出差錯。如：經驗告訴我們，會計人員對報表圖形非常有興趣，你要去拜訪他們時，準備了很多有關財務資料，並且準備了很多詳細的話題資料來證實圖形及論點，但是你著急於斷言所有的會計人員都是喜歡圖形及會計報表，而不當場試探他是何種類型，那是很不明智的做法。

對於兩個同樣學歷、同樣工程師出身、生產同樣產品、同樣規模的公司的總裁，你若要去拜訪他們，若準備類似的拜訪計劃是合理的，但是你假設他們是同一典型且歸為同類則是不合理的。團體裏的

成員只不過是用來協助營業員預測顧客反應的一個簡單的方法罷了。

2.投射作用

營業員往往容易將自己的看法投射在顧客的身上。如營業員相信他的新產品——設計新穎、超級高貴，其售價是小客戶所負擔不起的，所以就懶得向那些不具購買能力的小客戶做示範表演。事實上這個小客戶由於種種的理由——不只是虛榮而已，可能需要購買這個產品。

避免投射作用，可以使營業員更容易發掘顧客的需要。營業員最好不要將自己的需要投射在顧客身上，以為顧客和自己的看法相同。以下有兩個方法可以減少投射作用，幫助營業員對顧客做客觀的分析：

⑴顧客是自私的，最關心他自己，也要別人關心他

大部份人都要別人接納、肯定他的自我形象，所謂自我形象就是顧客希望你相信他是怎麼樣的一個人。當你對不同的人看法不同，對於自我形象也就不同。不管你喜不喜歡，你一定要面對他，顧客的購買動機相當複雜，他們需要的就是別人的尊敬和肯定；然而，也沒有必要花過多的時間來觀察，例如：某個客戶的辦公室內掛了一條毛織的魚，並不代表這個客戶是個運動員或他希望你認為他是一個喜歡運動的人，或許那條魚只是一項裝飾罷了。相反地，顧客行為的型態是一項較客觀的標準，可幫助我們分析。

因此若一個客戶在桌上擺了計算器，牆上掛滿了圖形及綫條，在對話時常常以電腦報表作為依據，那麼這種行為就等於告訴了你，他是一個有理性、實事求是的人，所以去拜訪這類型的客戶時，應該以準備一些他所喜歡的資料為原則，這就很容易得到他的好感了。

⑵尋找顧客與營業員的差異

你必須注意顧客的觀點與你的觀點不同，在面談時顧客有權以他所想要的方式來表達他的感覺，所以營業員必須將面談的氣氛處理得很融洽，好增強顧客的購買意願。假如顧客認為市場調查沒有必要，那麼無論你怎麼對他說也是沒有用的，倒不如找尋其他理由來說服他購買商品。

總之，尊重顧客的觀點，與他同一步調，多利用機會引起他的購買動機來達成銷售目的。

第 三 章

在準備階段常犯的問題

一、不瞭解自己的公司

推銷要謹記的法則是：「知己知彼，百戰不殆」。特別是在市場競爭激烈的當代社會。營業員面對競爭，必須全面瞭解各方面的情況，方能在推銷中取得勝利。營業員本身就代表著公司，首先要對本公司瞭解，這是推銷至關重要的一步。

1.營業員不瞭解自己公司情況的表現狀況

營業員在推銷過程中，面對客戶關於公司的情況的提問，常常不知所措，這就是因為他們對公司的情況不甚瞭解。

圖 3-1 營業員不瞭解公司情況的主要表現

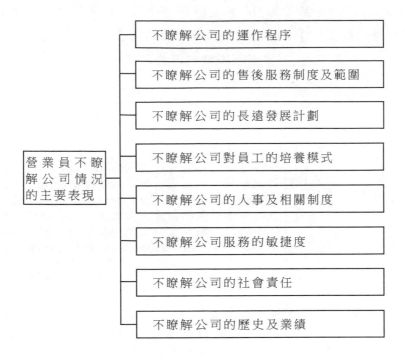

營業員不瞭解公司情況的主要表現

- 不瞭解公司的運作程序
- 不瞭解公司的售後服務制度及範圍
- 不瞭解公司的長遠發展計劃
- 不瞭解公司對員工的培養模式
- 不瞭解公司的人事及相關制度
- 不瞭解公司服務的敏捷度
- 不瞭解公司的社會責任
- 不瞭解公司的歷史及業績

2.營業員不瞭解自己公司情況的危害

營業員對本公司不瞭解，首先就置自己於一種弱勢地位，無論對自己現時的推銷工作，還是將來的職業發展都是十分不利的。

圖 3-2　營業員不瞭解自己公司情況的危害

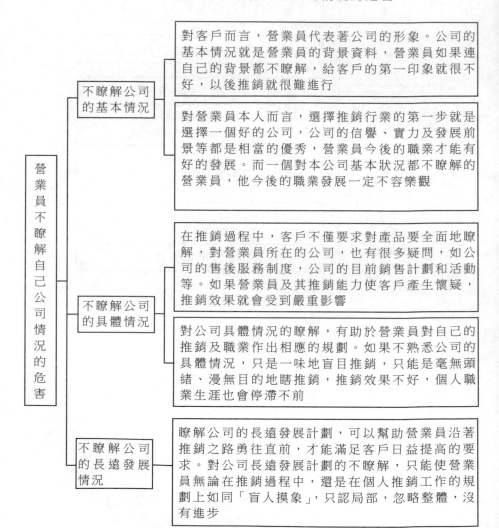

營業員不瞭解自己公司情況的危害

不瞭解公司的基本情況
- 對客戶而言，營業員代表著公司的形象。公司的基本情況就是營業員的背景資料，營業員如果連自己的背景都不瞭解，給客戶的第一印象就很不好，以後推銷就很難進行
- 對營業員本人而言，選擇推銷行業的第一步就是選擇一個好的公司，公司的信譽、實力及發展前景等都是相當的優秀，營業員今後的職業才能有好的發展。而一個對本公司基本狀況都不瞭解的營業員，他今後的職業發展一定不容樂觀

不瞭解公司的具體情況
- 在推銷過程中，客戶不僅要求對產品要全面地瞭解，對營業員所在的公司，也有很多疑問，如公司的售後服務制度，公司的目前銷售計劃和活動等。如果營業員及其推銷能力使客戶產生懷疑，推銷效果就會受到嚴重影響
- 對公司具體情況的瞭解，有助於營業員對自己的推銷及職業作出相應的規劃。如果不熟悉公司的具體情況，只是一味地盲目推銷，只能是毫無頭緒、漫無目的地瞎推銷，推銷效果不好，個人職業生涯也會停滯不前

不瞭解公司的長遠發展情況
- 瞭解公司的長遠發展計劃，可以幫助營業員沿著推銷之路勇往直前，才能滿足客戶日益提高的要求。對公司長遠發展計劃的不瞭解，只能使營業員無論在推銷過程中，還是在個人推銷工作的規劃上如同「盲人摸象」，只認局部，忽略整體，沒有進步

3.營業員如何瞭解自己的公司

(1)瞭解公司的歷史和業績

瞭解公司的歷史和業績，有助於讓營業員覺得自己是公司的一份子，而不只是公司所僱用的員工，從而可以使營業員滿懷激情地投入工作。公司的歷史和業績如圖 3-3 所示。

圖 3-3　瞭解公司的歷史及業績

```
                        ┌─ 公司的創始人
                 ┌ 歷史 ┼─ 公司至今所經歷的發展階段
瞭解公司的       │      └─ 公司現在所處的行業地位和階段
歷史及業績 ─────┤
                 │      ┌─ 公司的市場佔有率
                 └ 業績 ┼─ 公司的同行業中的評價與聲望
                        └─ 公司本階段的業務額
```

(2)瞭解公司主要主管的姓名

一個忠誠於公司的員工是不會對公司主要主管的情況一無所知的，而瞭解公司的主要主管及姓名對營業員的幫助也是很大的。如圖 3-4 所示。

圖 3-4　瞭解公司的主要領導

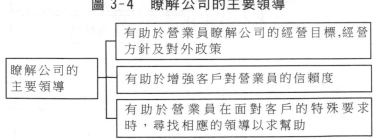

```
                 ┌─ 有助於營業員瞭解公司的經營目標,經營
                 │   方針及對外政策
瞭解公司的       │
主要領導 ───────┼─ 有助於增強客戶對營業員的信賴度
                 │
                 └─ 有助於營業員在面對客戶的特殊要求
                     時，尋找相應的領導以求幫助
```

(3)瞭解公司服務的敏捷度

客戶購買產品，品質要優質的，售後服務也要一流的。也就是說，公司服務的好壞直接反映客戶的意見，因為客戶需要的是一流的公司服務。如果客戶所訂購的產品都要通過運送方式送到他手中，那麼他對公司的服務敏捷度的要求就非常高。客戶所希望的不僅是送貨及時，而且要準確無誤。如果送貨有差錯，就可能影響公司的形象，甚至趕走客戶，使推銷工作無法進行下去。

一家地區報紙經常收到讀者來信，反映這個地區某家經銷彩電的公司常常弄錯型號，編輯就照登了，結果幾封信登載過以後，這個公司的銷售量明顯下降。

(4)瞭解公司的運作程序

瞭解公司的運作程序主要有以下幾個方面，如圖 3-5 所示。

圖 3-5　瞭解公司的運作程序

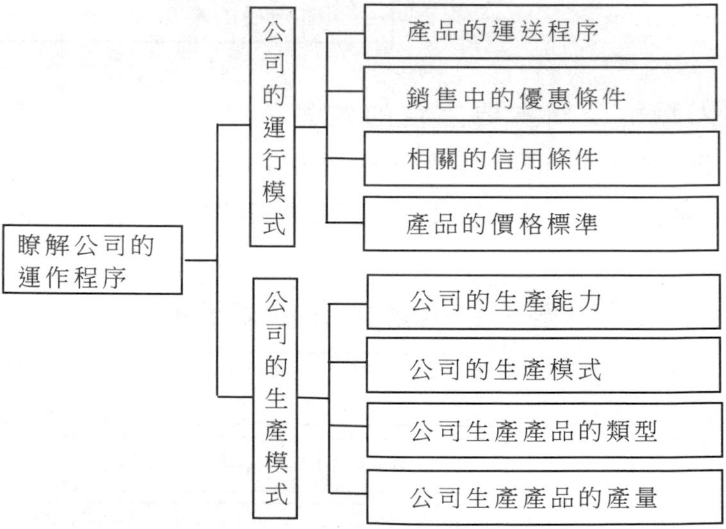

(5)瞭解公司的社會責任

　　每個公司調整經營策略，改變經營活動時，都會對本公司外部市場產生嚴重的影響，而有的調整對外部環境影響是負面的。因此，每個公司都應當有相應的政策及措施來體現公司所擔負的社會責任，從而樹立良好的社會形象。這些政策措施可以有以下幾種，如圖 3-6 所示。

圖 3-6　公司的社會責任

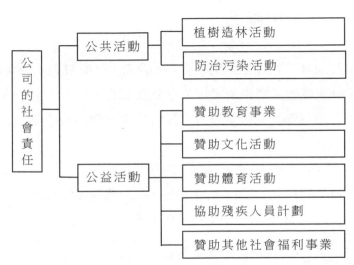

(6)瞭解公司的長遠發展計劃

　　公司的長遠發展計劃是公司主要領導人經過認真的研究分析討論，最後做出的一個發展目標，它將決定公司的日常經營活動。

　　良好的長遠發展計劃會在公司、員工以及客戶之間產生一種良性循環，如圖 3-7 所示。

圖 3-7　長遠發展計劃產生的良性循環

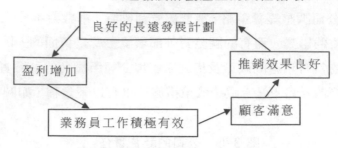

二、不瞭解產品

營業員向客戶直接推銷的是公司的產品,營業員對本公司的產品的熟悉對營業員的具體推銷工作是十分重要的。

很多營業員卻認為推銷只是一種經營人際關係的事業,而忽略了對產品的瞭解。

1.營業員對產品不瞭解的表現

營業員在對產品的瞭解方面主要存在五個問題,如圖 3-8 所示。

圖 3-8　營業員不瞭解產品的表現

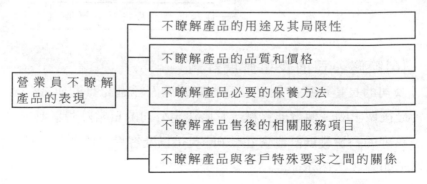

2.營業員不瞭解產品的弊端

營業員對產品的不瞭解，不利於其具體的推銷工作，特別是在面對面的推銷過程中，它會產生惡性循環。

圖 3-9　營業員不瞭解產品的弊端

```
          產品知識的匱乏
         ↙              ↖
   營業員信心下降    推銷積極性下降
         ↓                ↑
   引起顧客疑慮 → 推銷效果不佳
```

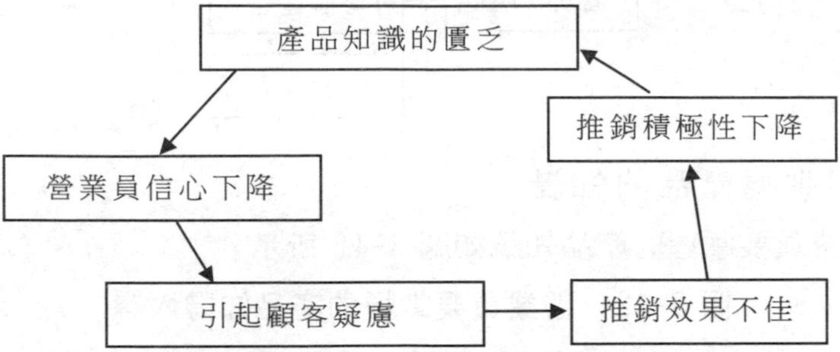

3.營業員如何成為產品專家

(1)瞭解產品的概念

產品是指能提供市場、供使用者消費的、可滿足某種慾望和需要的任何東西。包括以下幾方面，如圖 3-10 所示。

圖 3-10　產品內容

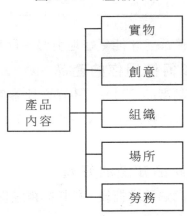

產品內容
- 實物
- 創意
- 組織
- 場所
- 勞務

營業員在推銷過程中,可將產品分為以下兩類,如圖 3-11 所示。

圖 3-11　產品類型

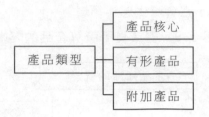

(2)掌握產品的知識

營業員要掌握的產品知識如圖 3-12 所示。

圖 3-12　營業員要掌握的產品知識內容

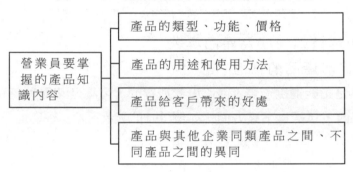

只有更好地瞭解產品,才能更好地引導客戶購買產品。

(3)教會客戶如何使用你的產品

營業員要成為推銷產品的專家,不僅要比客戶、競爭對手更瞭解你的產品,有時候還必須教會你的客戶使用你的產品,這樣才能收到良好的推銷效果。

4.營業員掌握產品知識的好處

營業員對產品知識熟悉掌握後,在其推銷過程中可給其帶來種種好處,如圖 3-13 所示。

圖 3-13　營業員掌握產品知識的好處

```
┌─────────┐   ┌──────────────────────────────────────┐
│         │───│ 易刺激客戶的需求慾望，引導客戶做出購買決定  │
│         │   └──────────────────────────────────────┘
│ 營業員掌 │   ┌──────────────────────────────────────┐
│ 握產品知 │───│ 能圓滿地回答客戶關於產品的質疑，消除顧客的疑 │
│ 識的好處 │   │ 慮                                     │
│         │   └──────────────────────────────────────┘
│         │   ┌──────────────────────────────────────┐
│         │───│ 能決定產品在滿足客戶需求上達到的程度，有利於 │
│         │   │ 增強推銷的針對性                         │
│         │   └──────────────────────────────────────┘
│         │   ┌──────────────────────────────────────┐
│         │───│ 易被客戶信賴                            │
└─────────┘   └──────────────────────────────────────┘
```

　　要成為一個優秀的營業員，必須非常瞭解自己所要推銷的產品。這個產品不是狹義上的，而是作為整體概念的產品。它不僅是有形的也是無形的，它不僅要給予客戶生理上的、物質上的滿足，而且要給予心理上、精神上的滿足。產品的整體觀念體現了以客戶為中心的現代推銷觀念。作為一個營業員，必須滿足客戶各方面的要求，只有這樣才能提高企業的聲譽和效益。

三、不瞭解自己的客戶

　　醫生看病要講求「對症下藥」，而病人看病也要先找對科室。營業員也是一樣，若想找準客戶，首先要瞭解自己的客戶。

　　如果沒有找準客戶，就嚴重影響了推銷效果。現在很多營業員就犯了這種錯誤。

1.營業員對客戶不瞭解的表現

(1)不瞭解客戶的基本情況

營業員對客戶的基本情況不瞭解的表現，主要如圖 3-14 所示。

圖 3-14　不瞭解客戶的基本情況

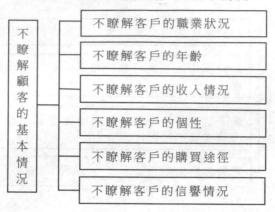

(2)不瞭解客戶的購買需求

有經驗的營業員都知道一句話:「沒有需求的地方就沒有購買行為。」因此,不管營業員的商品說明技巧多好,如果無法把握客戶的需求,終究無法獲得客戶的訂單。

營業員對客戶需求的不瞭解可分為三類,如圖 3-15 所示。

圖 3-15　不瞭解客戶的需求

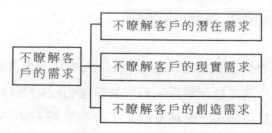

(3)不瞭解客戶的性格類型，無的放矢，事倍功半。

客戶的性格類型如表 3-1 所示。

表 3-1 客戶的性格類型

性格類型	具體表現
內向型	這類客戶生活比較封閉，對自己小天地中的變化異常敏感，對外界事物表現冷淡，對待營業員他們反映不強烈
隨和型	這類客戶總體來看性格開朗，容易相處，內心防線較弱，對陌生人防備不是很強
剛強型	這類客戶性格堅毅，個性嚴肅、正直，尤其對待工作認真、嚴肅，決策謹慎，思維縝密
神經質型	這類客戶對外界事物、人物反應異常敏感，且耿耿於懷；情緒不穩定，易激動，他們對自己所作的決策容易反悔
虛榮	這類客戶在與人交往時喜歡表現自己，突出自己，不喜歡聽別人勸說，嫉妒心重
好鬥型	這類客戶好勝、頑固，同時對事物的判斷比較專橫，喜歡將自己的想法強加於別人，征服慾強
頑固型	這類客戶多為老年客戶，在消費上具有特別偏好。他們往往不樂意接受新產品，不願意輕易改變原有的消費模式和結構
懷疑型	這類客戶對產品，甚至對營業員的人格都會提出質疑
沉默型	他們在整個推銷過程中表現消極，對推銷冷淡

(4)不瞭解客戶的角色

在現在推銷過程中，客戶扮演的角色常常變化，要學會分辨客戶所扮演的角色。客戶的角色可分為四種，如圖 3-16 所示。

圖 3-16　客戶的角色類型

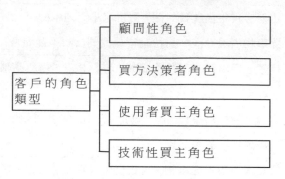

2.瞭解客戶的方法──MAN 法則

對於營業員來說，如何在有限的時間和精力範圍內找準客戶是非常重要的。要節省時間、提高效率，就要找準購買量大、支付能力強、經過洽談容易達成交易的客戶。

瞭解客戶的黃金法則──MAN 法則包括三個方面：

(1) M──錢。

M 是英文單詞「money」第一個字母的大寫，翻譯成中文的意思是「金錢」，在這裏是從客戶的購買能力角度來說的。考察客戶購買能力有以下幾個方面，如圖 3-17 所示。

圖 3-17 影響客戶購買能力的因素

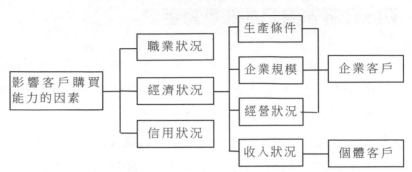

(2) A——購買決策權

A 是英文單詞「authority」第一個字母的大寫，翻譯成中文的意思就是「購買決策權」。無論是向個體客戶還是向企業進行推銷，對方都必須有決策權。如圖 3-18 所示。

圖 3-18 客戶的決策權人

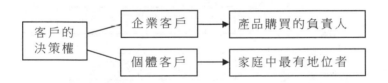

(3) N——購買需求

N 是英文單詞「need」第一個字母的大寫，翻譯成中文的意思就是「需求」，在這裏表示購買需求。瞭解一個客戶的購買需求，就能使推銷工作事半功倍。

四、不瞭解自己的競爭對手

營業員是一個面對多方面挑戰的工作，既要面對客戶，也要面對公司；既要面對自己，也要面對競爭對手。特別是在當今競爭愈來愈激烈的社會，競爭對手給營業員帶來的壓力更不容小覷。

很多營業員在面對競爭對手時，要麼盲目衝撞，要麼一味退讓。沒有能去真正瞭解競爭對手的優勢與劣勢，造成推銷中的失敗。

1.營業員不瞭解競爭對手的表現

(1)不瞭解營業員競爭的種類

推銷工作的性質決定了營業員的競爭有不同的種類和不同的形式。主要可概括為以下兩種，如圖 3-19 所示。

圖 3-19　營業員的競爭種類

競爭時，往往是採用激烈的方式，這樣不僅影響了同事間的關係，降低了公司的利潤，也使營業員本身的推銷工作十分不順暢。

(2)不瞭解競爭對手的產品

這裏的競爭主要指同行之間的競爭。面對這種競爭，營業員只是一味地盲目競爭，卻不懂得先主動瞭解對手的情況。如圖 3-20 所示。

圖 3-20　營業員不瞭解競爭對手產品的表現

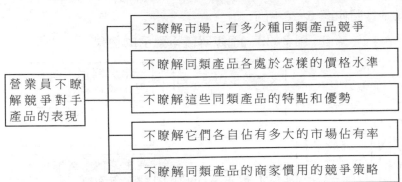

(3)不瞭解內部競爭的形式

營業員與同公司其他營業員之間既是同事又是競爭對手。面對這種雙重關係，營業員應當做出合理的調整，不能一味當作同行營業員的競爭。然而，很多營業員卻犯了這種嚴重的錯誤，如圖 3-21 所示。

圖 3-21　營業員不瞭解內部競爭的表現

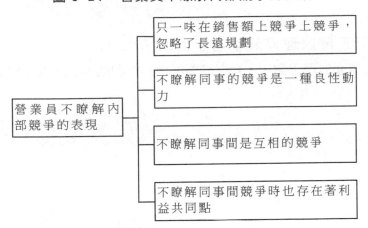

2.營業員不瞭解競爭對手的後果

營業員不瞭解競爭對手而盲目地競爭，不僅影響了正常推銷工作

的進行和營業員的人際關係,還會使營業員的個人職業發展出現嚴重危機。具體如圖 3-22 所示。

圖 3-22　不瞭解競爭對手的後果

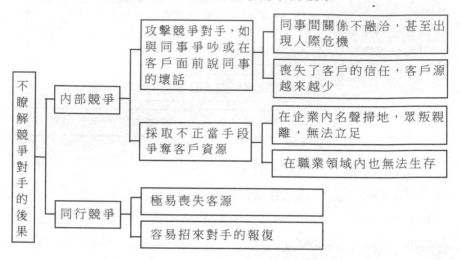

3.正確面對競爭對手

(1)正確處理同競爭對手間的關係

正確面對競爭對手,合理調整與他們之間的關係,要做到如下幾點,如圖 3-23 所示。

圖 3-23　正確的競爭關係

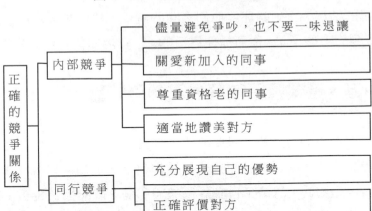

(2)用正確的方法戰勝競爭對手

在正確處理好同競爭對手間的關係後，還要學會用正確的方法戰勝他們。如圖 3-24 所示。

圖 3-24　戰勝競爭對手的方法

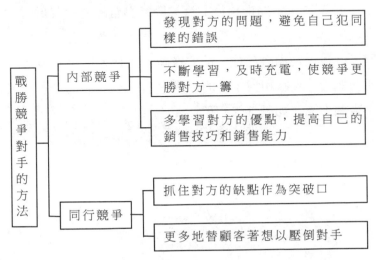

　　總之，在面對競爭對手的時候，營業員千萬不要慌張，要充分瞭
解對手的情況，正確處理與他們之間的關係，然後想想自己的優勢所
在，找到對方的不足，從而抓住客戶的心，就能取得良好的推銷效果。

五、營業員不瞭解自己的優缺點

　　人有缺點必有優點，只要認清了自身的優點與缺點，並能正確地
發揮優點、避免缺點，就能夠充分發揮自己的能力，成就一番事業。
營業員也是如此，認清了自身的優勢與劣勢，就能揚長避短，在推銷
工作中層現雖優秀的自己。

　　然而，很多營業員卻不能充分瞭解自己的能力、優點和缺點。在
推銷過程中漏洞百出，屢屢碰壁。

1.營業員不瞭解自己的主要表現

(1)不瞭解自己的能力

　　很多營業員在選擇推銷這一行業時，沒有經過冷靜的思考，認真
分析自己的能力。還有的營業員雖然在推銷行業中有了較長時間的工
作經歷，但也只是糊裏糊塗、忙忙碌碌地工作，從沒有靜下心來認真
對自己的能力、現狀和對未來的需求等有一個具體的分析。主要表現
為以下幾個方面，如圖 3-25 所示。

圖 3-25 營業員不瞭解自己的能力

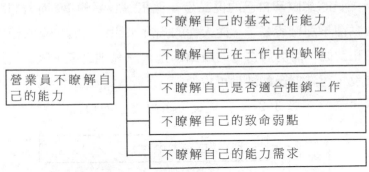

營業員不瞭解自己的能力

- 不瞭解自己的基本工作能力
- 不瞭解自己在工作中的缺陷
- 不瞭解自己是否適合推銷工作
- 不瞭解自己的致命弱點
- 不瞭解自己的能力需求

(2)不瞭解自己的優點

營業員在推銷過程中,最主要的就是要向客戶展示品質、價格等最好的產品和最有實力的公司以及最優秀的自己,這就要求營業員要對自己的優點、特長等有充分的瞭解。

圖 3-26 營業員不瞭解自己的優點

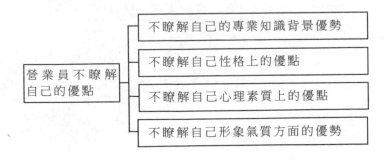

營業員不瞭解自己的優點

- 不瞭解自己的專業知識背景優勢
- 不瞭解自己性格上的優點
- 不瞭解自己心理素質上的優點
- 不瞭解自己形象氣質方面的優勢

(3)營業員不瞭解自己的缺點

營業員若想瞭解自己的優點是一件相對容易的事,而若想瞭解自己的缺點卻不那麼容易了。從人性的角度來說,人對自身的優點更容易認識和認同,而對於自身的缺點卻是潛意識地迴避。因此,對於營業員來說,認識自己的缺點更重要。

圖 3-27　營業員不瞭解自己的缺點

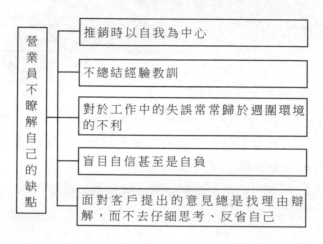

2.營業員如何正確瞭解自己

　　營業員正確認識自己，正確認識自己的能力、缺點和優點，對其職業發展和個人進步有極其重要的意義。如圖 3-28 所示。

圖 3-28　營業員如何正確認識自己

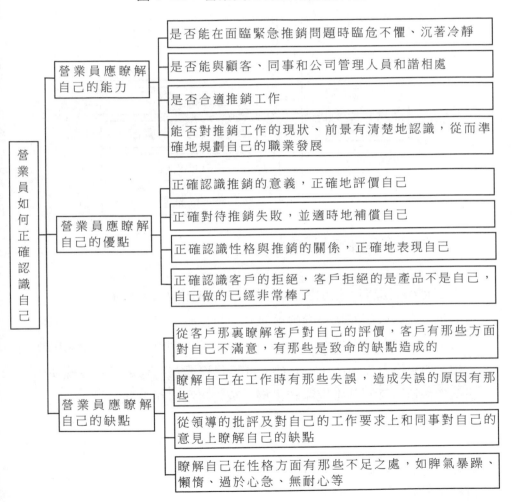

3.營業員應正確認識自己

要使營業員避免不瞭解自己的能力、優點和缺點的情況出現，就要使營業員學會正確地認識自己。如圖 3-29 所示。

圖 3-29　營業員正確認識自己的重要性

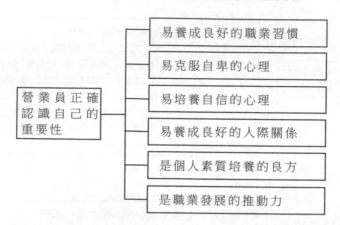

六、沒有制訂目標

目標如同燈塔，指引我們前進。沒有目標的船，將永遠無法到達目的地。人的大腦好比導彈導航系統，目標設定以後，自動校正回饋系統便不斷監督導彈的飛行路線，必要時予以調整，使導彈繼續瞄準目標。如果沒有設定明確的目標，或是目標遠在射程之外，導彈便會在空中漫遊，直到其推進系統失靈，或是自我毀滅為止。

營業員的工作也是一樣，只有設定了目標，內心才會不斷調整對自己的期許，隨時校正行為方式以便命中目標。但光有目標還不行，還要有為實現這個目標的行動計劃，這樣才能胸有成竹地完成自己的目標。

現實中，很多營業員卻沒有目標，更不用說為了實現目標的行動

計劃。

1.營業員沒有設定目標

營業員在推銷工作中若沒有設定目標，便如無頭蒼蠅東竄西撞、毫無目的。如圖 3-30 所示。

圖 3-30　營業員沒有設定目標的表現

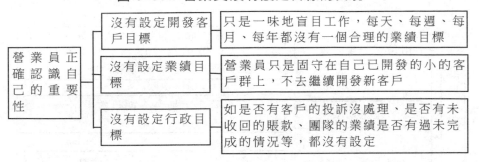

營業員正確認識自己的重要性

	沒有設定開發客戶目標	只是一味地盲目工作，每天、每週、每月、每年都沒有一個合理的業績目標
	沒有設定業績目標	營業員只是固守在自己已開發的小的客戶群上，不去繼續開發新客戶
	沒有設定行政目標	如是否有客戶的投訴沒處理、是否有未收回的賬款、團隊的業績是否有過未完成的情況等，都沒有設定

2.如何設定目標

營業員必須要設定目標，且要學會怎樣設定目標。如圖 3-31 所示。

圖 3-31　營業員設定目標的方法

營業員設定目標的方法
- 確定一個核心目標
- 把目標告訴別人
- 目標一定要白紙黑字寫下來
- 永遠要有下一個目標
- 設定合理的目標
  - 目標不能過高或過低
  - 目標不宜過多，不可過於貪心的優點
  - 細分目標
  - 擬定具體目標

3.具體目標的擬定

目標不能抽象，例如，「成為頂尖高手！」、「創下令人驚訝的業績！」「成為大家信賴的人！」等都不夠具體。要儘量使之具體化，如圖 3-32 所示。

圖 3-32 擬定具體目標的方法

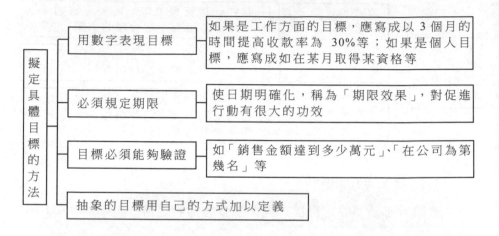

擬定具體目標的方法

用數字表現目標	如果是工作方面的目標，應寫成以 3 個月的時間提高收款率為 30%等；如果是個人目標，應寫成如在某月取得某資格等
必須規定期限	使日期明確化，稱為「期限效果」，對促進行動有很大的功效
目標必須能夠驗證	如「銷售金額達到多少萬元」、「在公司為第幾名」等
抽象的目標用自己的方式加以定義	

4.目標制定的細化

　　營業員只有將目標細化了，才能有明確、具體的目的。目標細化的步驟如圖 3-33 所示。

圖 3-33　　營業員目標的細化

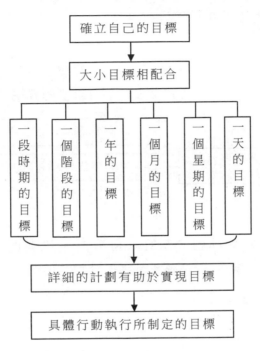

七、沒有制訂計劃

1.營業員沒有訂出銷售計劃

營業員的銷售問題,一是沒有目標,二是沒有計劃,三是有計劃但未執行。

(1)營業員沒有制訂計劃的表現,如圖 3-34 所示。

圖 3-34 營業員沒有制訂計劃的表現

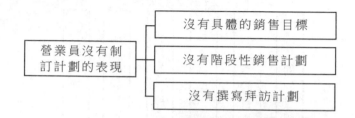

(2)營業員銷售計劃的制訂,可分為 4 種如圖 3-35 所示。

圖 3-35 營業員銷售計劃的種類

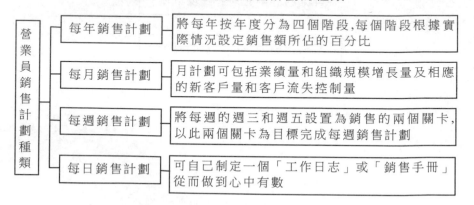

2.如何做好拜訪的行動計劃

①擬定拜訪計劃

拜訪前首先要制定好拜訪計劃，如圖 3-36 所示。

圖 3-36　營業員拜訪計劃的內容

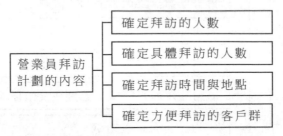

②擬定現場作業計劃

現場作業計劃是針對一些具體細節問題和要求來設計一些行動的提要。如圖 3-37 所示。

圖 3-37　營業員的現場作業計劃

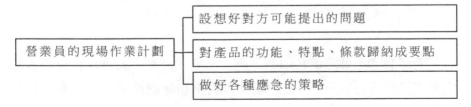

③準備好推銷工具

推銷不能僅靠嘴賣東西。常言道，「事實勝於雄辯」。使用推銷的輔助工具可以使推銷成功率提升很多。

推銷輔助工具主要有：小冊子、名片、計算器、小筆記本、備忘錄、現款、印鑑、收據、地圖、時間、價格表等。

使用這些推銷輔助工具的好處主要有以下幾個方面，如圖 3-38 所示。

圖 3-38　營業員使用輔助工具的好處

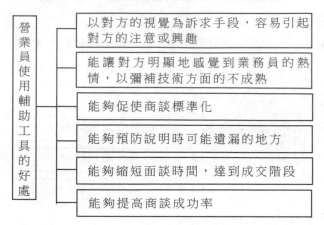

營業員使用輔助工具的好處
- 以對方的視覺為訴求手段，容易引起對方的注意或興趣
- 能讓對方明顯地感覺到業務員的熱情，以彌補技術方面的不成熟
- 能夠促使商談標準化
- 能夠預防說明時可能遺漏的地方
- 能夠縮短面談時間，達到成交階段
- 能夠提高商談成功率

　　總之，推銷工作一定要有奮鬥目標和具體的計劃。推銷的秘訣就是計劃你的工作，工作你的計劃！

八、沒有執行

　　有了目標，就有了奮鬥的方向；而有了計劃，就可以有條不紊地去實現已設定的目標。但是如果光有目標和計劃而沒有用行動去實現它們也是徒然。

1.營業員重理論、輕實踐的表現

　　很多營業員在實際工作中都犯了重理論、輕實踐的錯誤，主要表現在以下幾方面，如圖 3-39。

圖 3-39　營業員重理論，輕實踐的表現

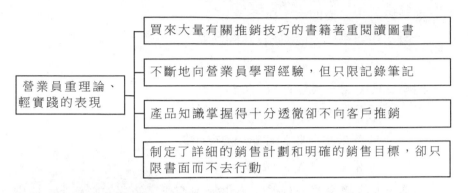

2.營業員重理論、輕實踐的危害

　　空有理論，不去實踐，那麼推銷永遠是天上的彩虹，看著美麗，實際上只不過是虛幻而已。它的危害是顯而易見且不容忽視的。如圖 3-40 所示。

圖 3-40　重理論、輕實踐的危害

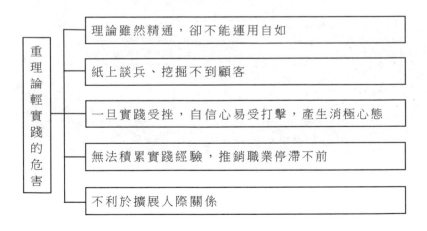

3.避免重現論、輕實踐原方法

推銷界有「二價四率」概念：

二價：訪問單價＝成交額/訪問次數

　　　成交單價＝成交額/成交件數

四率：成交率＝成交件數/訪問次數

　　　收款率＝收款額/成交額

　　　收款效率＝收款件數/成交件數

　　　開拓率＝新單件數/新訪問數

顯然，在推銷水準沒有很大變化的情況下，訪問次數越多，成交的可能能性越大，訪問單價和成交單價也就越低。

那麼如何能正確的平衡理論和實踐二者的關係呢？如圖 3-41 所示。

圖 3-41　理論和實踐平衡的方法

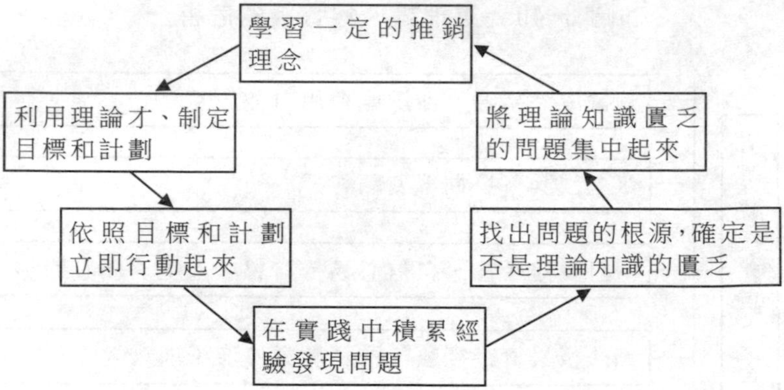

4.如何行動起來

營業員要做到理論和實踐的平衡是十分不容易的,因為相對於理論來說,推銷工作的實踐性更強,實踐時的難度更大,營業員要從兩個方面做好準備。

(1)良好的思想準備

只有在思想上、心態上做好準備,營業員才能擁有強大的支持力,才能在推銷時從心態上壓倒競爭對手,立於不敗之地。

營業員在思想上要做好那些準備呢?如圖 3-42 所示。

圖 3-42 營業員的思想準備

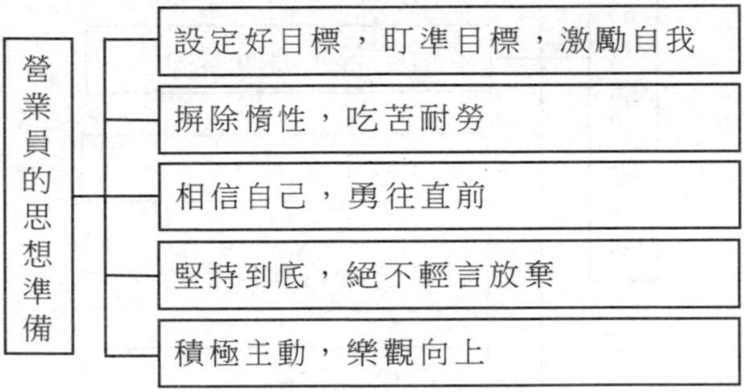

營業員的思想準備
- 設定好目標,盯準目標,激勵自我
- 摒除惰性,吃苦耐勞
- 相信自己,勇往直前
- 堅持到底,絕不輕言放棄
- 積極主動,樂觀向上

(2)行動上的準備

營業員要更好地將所做的準備工作轉化為行動,可參考以下技巧,如圖 3-43 所示。

圖 3-43 營業員的具體行動

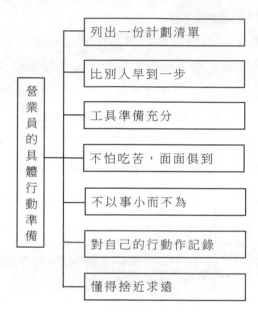

5.營業員注重實行的重要性

營業員工作成功的兩個基本原則,如圖 3-44 所示。

圖 3-44 營業員成功的兩個基本原則

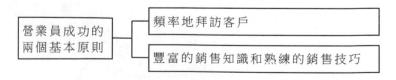

　　所以，行動起來、多拜訪客戶對營業員來說是至關重要的，如圖
3-45 所示。

圖 3-45　　營業員多實行的重要性

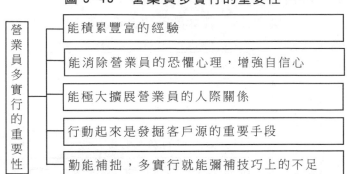

營業員多實行的重要性

能積累豐富的經驗

能消除營業員的恐懼心理，增強自信心

能極大擴展營業員的人際關係

行動起來是發掘客戶源的重要手段

勤能補拙，多實行就能彌補技巧上的不足

　　實行出真知，營業員的工作更是如此。理論幾乎幫不了你什麼
忙，只有去做，勤奮地去做，才能體會出其中的樂趣。對客戶關係的
陪養也是從勤於接觸開始的，找機會和客戶建立友誼，從內心深處真
誠地關心他，自然就可以獲得相應的認同。面對營業員的要求，客戶
也就不好意思了，推銷業績自然就上去了。

九、所設定的目標過低

　　在現實生活中，安於現狀的人是很難有大的發展的，因為他們人
生的最大願望就是能將他們目前的生活狀態保持下去，不願意有所改
變。安於現狀是成功的絆腳石。

　　同樣，對於營業員來說也是如此。如果一個營業員沒有目標或目
標過低，那麼，他是很難成為一個成功的、頂尖的營業員的。

　　很多營業員的業績提不上去，個人職業沒有發展，就是因為他們
對自己沒有要求，或是要求過低，目標過低。

1.營業員目標過低的表現

造成營業員目標過低的原因是多種多樣的,其表現形式也各有不同。如圖 3-46 所示。

圖 3-46　營業員目標過低的表現

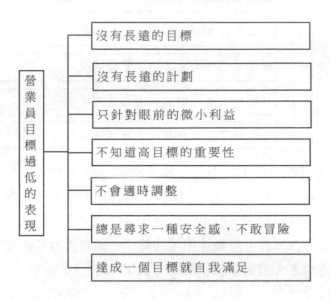

2.要設定高目標,才能與成功相約

(1)認識自己

營業員要設定目標並不是一件難事,每個人都可自己完成。而要設定一個合理的高目標就需要充分認識自己,瞭解自己的擁有和需求、優勢與劣勢。如圖 3-47 所示。

圖 3-47　營業員如何認識自己

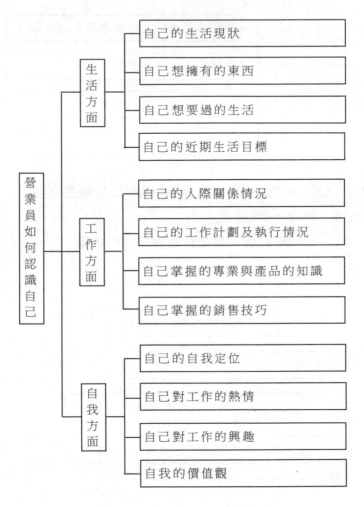

(2)設定合理的高目標

　　營業員在充分瞭解自己、認識自己以後，就邁出了制定高目標的第一步，接下來就是要設定合理的高目標。

　　合理的高目標要遵循以下幾個標準，如圖 3-48 所示。

圖 3-48   設定合理高目標的標準

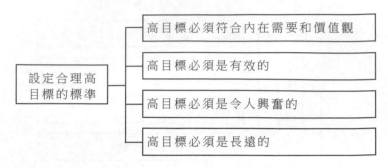

瞭解了制定合理高目標的標準後，就可以具體設定目標了。可遵循以下步驟，如圖 3-49 所示。

圖 3-49   制定合理高目標的步驟

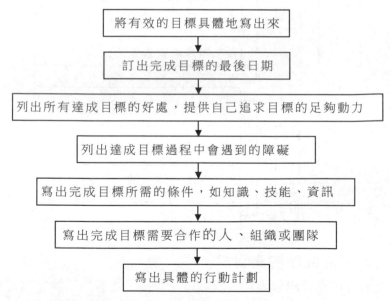

(3)實現高目標的決竅

營業員有了合理的高目標，並將其完整得制定出來，就已經向成

功邁進了一大步。但目標的實現卻是一個艱難的過程，不需要毅力、意志、決心和自信心等，還有一些決竅。

下面是根據成千上萬成功人士的經驗，總結出的 4 個保證目標實現的「金科玉律」。如圖 3-50 所示。

圖 3-50　營業員實現目標的決竅

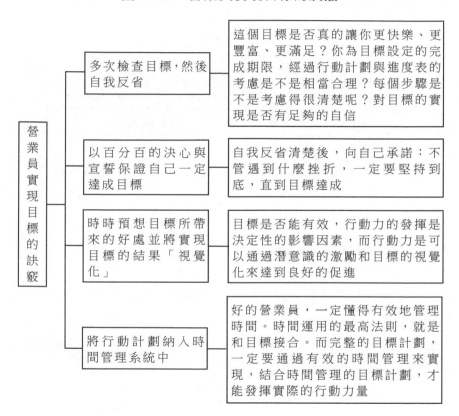

3.擬定合理高目標的好處

成功學權威拿破崙‧希爾博士說過：「一個確定的目標是所有成就的起點。」因此，設定合理高目標的好處是不言而喻的。主要體現

在以下兩方面,如圖 3-51 所示。

圖 3-51　設定高目標的好處

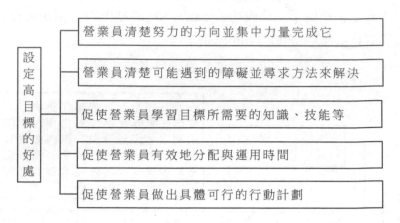

設定一個目標,設定一個合理的高目標,它會使你的推銷職業有不可限量的發展!

十、所設定目標過高

營業員作為公司的一線人物,當然不能沒有自己的奮鬥目標和行動計劃,否則他的推銷工作便無從下手。但是要注意,目標不能定得太高,否則無法實現,就變成了白日做夢、癡心妄想,從而影響營業員的鬥志。

1.營業員目標過高的表現

很多營業員一進入推銷行業就給自己立下了宏偉的目標,而從沒有想過目標的可行性以及實現起來的難度、時間期限等種種問題。主要表現為以下幾個方面,如圖 3-52 所示。

圖 3-52　營業員目標過高的表現

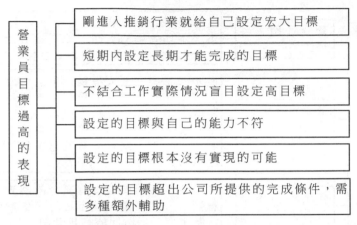

2.造成營業員目標過高的原因

　　營業員所從事的工作決定了他們必須要給自己設定目標、但是目標過高也不利於營業員工作的開展和個人進步。但是仍有很多營業員給自己設定了許多不切實際的高目標。細究起來，其主要原因有以下幾個方面，如圖 3-53 所示。

圖 3-53　營業員目標過高的原因

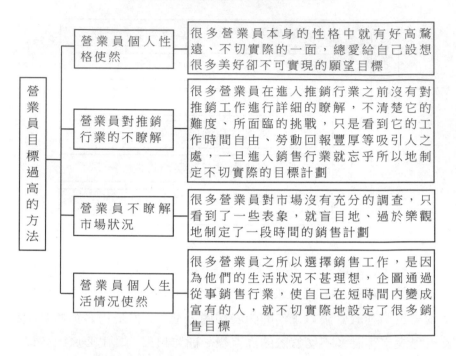

營業員目標過高的方法	營業員個人性格使然	很多營業員本身的性格中就有好高騖遠、不切實際的一面，總愛給自己設想很多美好卻不可實現的願望目標
	營業員對推銷行業的不瞭解	很多營業員在進入推銷行業之前沒有對推銷工作進行詳細的瞭解，不清楚它的難度、所面臨的挑戰，只是看到它的工作時間自由、勞動回報豐厚等吸引人之處，一旦進入銷售行業就忘乎所以地制定不切實際的目標計劃
	營業員不瞭解市場狀況	很多營業員對市場沒有充分的調查，只看到了一些表象，就盲目地、過於樂觀地制定了一段時間的銷售計劃
	營業員個人生活情況使然	很多營業員之所以選擇銷售工作，是因為他們的生活狀況不甚理想，企圖通過從事銷售行業，使自己在短時間內變成富有的人，就不切實際地設定了很多銷售目標

3.目標過高的危害

　　好高騖遠、脫離實際的目標，對於營業員來說有著致命的傷害。不僅會影響營業員的個人進步和職業發展，甚至會斷送營業員在推銷行業中的前程。如圖 3-54 所示。

圖 3-54　營業員目標過高的危害

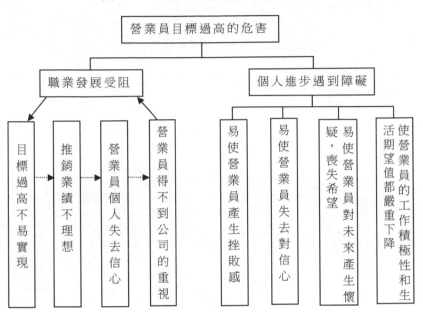

4.營業員應正確制定合理目標

　　營業員制定高目標時應當遵循一定的原則，因為對於營業員來說，目標並不是越高越好。因此，目標不要隨意而定，要量力而行，且一旦定下來就要不折不扣地完成。正確的做法如圖 3-55 所示。

圖 3-55　營業員正確制定目標的方法

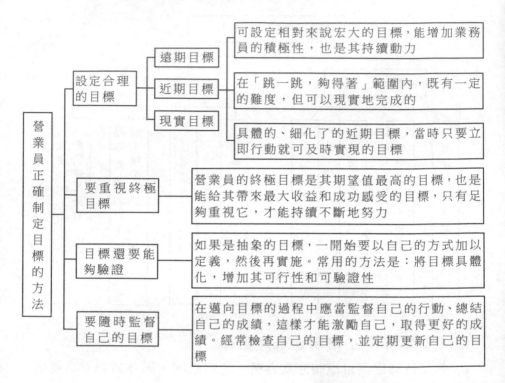

總之，營業員既要有遠大的目標，也要使目標合理化。這樣既能達到制定目標對自己激勵的目的，又不會因為目標不能實現而失去信心。但要做到目標既無大又具有可行性，就要求營業員學會正確地制定目標，瞭解其中的方法、技巧。只要做到了這幾方面，營業員的推銷工作一定會有很大的進步和長遠的發展。

第 四 章

在推銷階段中容易出現的問題

一、不注意穿著打扮

　　一個成功的營業員，他的儀容儀表、言談舉止，對他事業的關注以及對業務的熟練程度，都可以全方位、多層次、寬領域的反映營業員本人的成熟與自信程度。其中，營業員個人形象中的穿著打扮是這諸多項目中必須引起高度重視的首要問題之一。營業員舒適、恰當、合理的穿著打扮不僅僅可以提升個人人氣，顯示出營業員自身修養與內在獨特的氣質，同時也可以從另一個側面反映營業員所在企業的整體形象與精神面貌。它能使客戶對營業員所推銷的產品產生一定的購買信心以及必要的購買準備。營業員在給客戶留下一個良好印象的同時，也為推銷工作的下一步開展打開了一個良好的開端，謂之「開門紅」。但仍有部份營業員在推銷過程中不注意自身的穿著打扮，從而影響客戶對營業員及其所推銷產品的看法，進而影響了營業員個人銷售業績。

1.營業員不注意穿著打扮的表現

穿著打扮是一門博大精深的學問，因為「人配衣，馬配鞍」，如果不加注意就會產生諸多問題。營業員不注意穿著打扮的具體表現如圖 4-1 所示。

圖 4-1　營業員不注意穿著打扮的表現

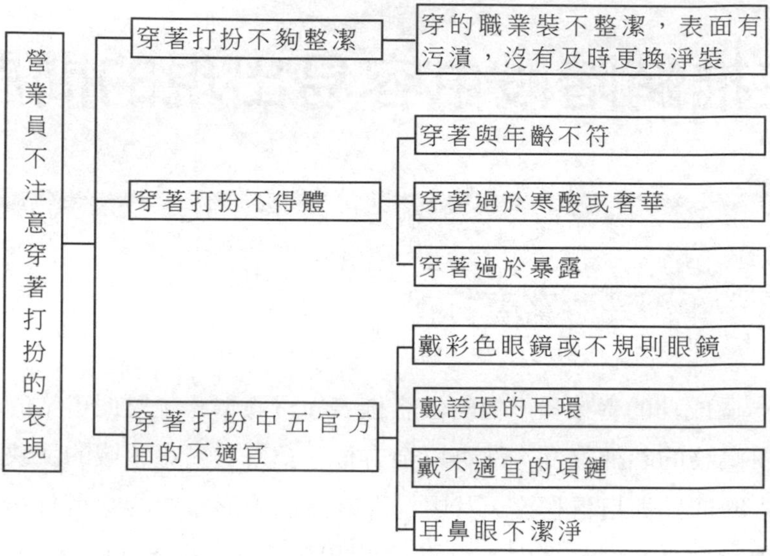

2.不注意穿著打扮的危害

營業員的穿著打扮給客戶留下的印象是非常重要的。因為，客戶第一次面對的就是營業員本人，而不是沒有生命的產品。營業員形象的好壞，穿著打扮的得體與否預示著推銷工作能否進一步展開。如果營業員不注意自己的穿著打扮，它所帶來的危害如圖 4-2 所示。

圖 4-2　營業員不注意穿著打扮的危害

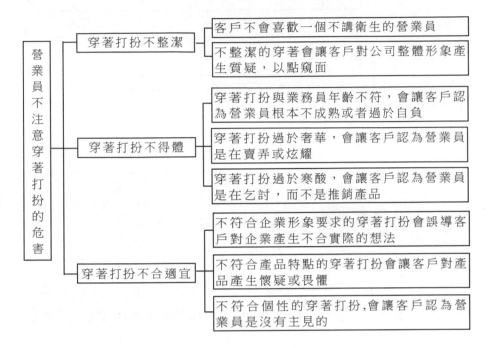

3.怎樣注意穿著打扮

　　因為穿著打扮是門學問，所以要在生活中適應時代潮流，正確、適宜地打扮自己。要符合自己的職業背景和職業特點，不能超越職業特點，也不能落後職業特點。在推銷過程中，可以從下面幾個方面來注意穿著打扮，如圖 4-3 所示。

圖 4-3 營業員注意穿著打扮的具體措施

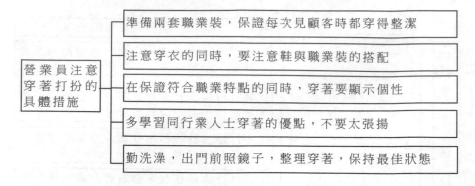

營業員注意穿著打扮的具體措施
準備兩套職業裝，保證每次見顧客時都穿得整潔
注意穿衣的同時，要注意鞋與職業裝的搭配
在保證符合職業特點的同時，穿著要顯示個性
多學習同行業人士穿著的優點，不要太張揚
勤洗澡，出門前照鏡子，整理穿著，保持最佳狀態

二、以貌取人

1.以貌取人的表現

客戶就是上帝。對營業員來說，每一位客戶都是平等的。無論衣著華貴或簡樸，無論經濟能力是高是低，他們都是產品或服務的購買者，都應當受到營業員禮貌、平等的對待。

但是，不少營業員卻根據客戶的表面狀況妄加評判、區別對待，他們這樣區別的主要根據便是客戶的經濟情況。通過客戶的衣著、性別、長相、年齡等來推測客戶的經濟實力和購買力，進行區別對待。對出手大方、氣派的客戶畢恭畢敬、點頭哈腰、唯唯諾諾，服務熱情週到；面對看起來比較樸實的客戶則換了一種態度，愛理不理、表情冷漠、語言強硬，連對客戶起碼的尊重和熱情都沒有。這樣以貌取人的營業員為數不少。

2. 以貌取人的危害

圖 4-4　以貌取人的危害

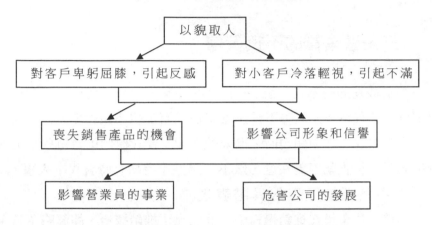

以貌取人直接造成了客戶的流失。對於營業員來說，以貌取人既是做人方面的極大缺陷，也是事業上的巨大失敗。

3. 注意區分以貌取人和有針對性地對待客戶的區別

營業員在工作當中，會按照客戶的不同需求、興趣加以區別，這是與以貌取人完全不同的兩種行為。具體區別如表 4-1 所示。

表 4-1　以貌取人和有針對性地對待客戶的區別

	以貌取人	有針對性地對待客戶
區分客戶的標準不同	客戶的衣著打扮	客戶的需求、興趣以及其自身特點
立足點不同	自己的眼前利益	客戶的利益，為客戶考慮
產生影響不同	失去銷售產品的機會，失去客戶	贏得客戶信任，有利於營業員的工作

可見，營業員在工作中可以對客戶有針對性地區別對待，這樣做

有利於推銷工作的發展。但絕不可以以貌取人，這是營業員工作之大忌。

三、營業員的不良習慣

對於成功的營業員來說，擁有良好的職業習慣是他們成功的重要原因之一。有許多人似乎不曾注意到自己有那些不良習慣，甚至當這些不良習慣在工作中顯現時，也未曾發現。或許他們以為這些小毛病無傷大雅，根本就不需在意，殊不知這些小毛病有時會誤了大事。

1. 不良習慣顯現的具體表現

也許，營業員在推銷過程中，只注意了推銷技巧，卻忽略了營業員自身良好的習慣問題。習慣的形成是一個十分漫長的過程，不良習慣一旦養成就無法改變或者在短期內不會有一個較好的改正。

營業員在推銷過程中不良習慣的表現與危害見表 4-2。

表 4-2　營業員在推銷過程中不良習慣的表現與危害

表現	危害
工作時氣喘吁吁、汗流浹背,西裝扣子串列	客戶會認為營業員對自己的身體不負責任,從而就不會對客戶負責
工作時眼睛上下左右轉個不停,注意力轉移到了同推銷業務不相干的其他事情	客戶會認為營業員的真正目的不是在推銷產品,而是在伺機尋找什麼東西,會被懷疑是偷竊或有其他目的
工作時用手指在桌上敲敲打打,發生不該發出的聲音	客戶會認為營業員是在向客戶表示不滿,這種做法會讓客戶反感
工作時手裏玩轉簽字筆,在客戶面前晃來晃去,製造出不協調聲音	這種行為會讓客戶認為營業員很不負責任、吊兒朗當,從而中止洽談
在客戶進行陳述的過程中,不能做一個忠實的傾聽者	客戶會認為營業員瞧不起自己,從而喪失購買產品的信心與動力
工作中用手不時地摸頭、用梳子梳理頭髮,不注意聽客戶的表述	客戶會認為營業員是在做時裝表演來走秀的,而不是推銷產品來的,這種行為會讓客戶不耐煩
工作中用手挖鼻孔,用手掏耳朵,用手胡亂整理五官的每一個角落	客戶會認為營業員不注意自己的潔淨外觀,從而產品品質也會很劣質
工作中常皺眉頭,故作考究,傲慢無禮	客戶會認為原本是求教於營業員問題的,但反過來這種姿態只會讓客戶不敢接近營業員,不敢說心裏話

2.營業員在推銷過程中應該養成的良好習慣

不良習慣往往是經過長時間的累積而形成的,想通過短時間改變是不可能的,但是如果知道這些不良習慣是你致命的弱點之後,你就已經成功了一半,努力發現並改正自己身上的不良習慣是營業員要關注的事情之一。具體做法如圖 4-5 所示。

圖 4-5 營業員在推銷過程中養成良好的習慣

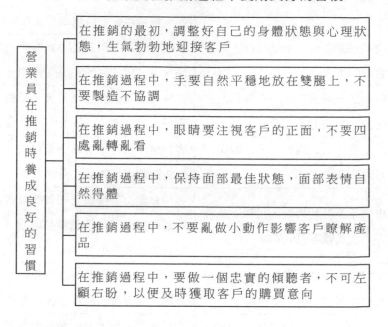

營業員在推銷時養成良好的習慣

- 在推銷的最初,調整好自己的身體狀態與心理狀態,生氣勃勃地迎接客戶
- 在推銷過程中,手要自然平穩地放在雙腿上,不要製造不協調
- 在推銷過程中,眼睛要注視客戶的正面,不要四處亂轉亂看
- 在推銷過程中,保持面部最佳狀態,面部表情自然得體
- 在推銷過程中,不要亂做小動作影響客戶瞭解產品
- 在推銷過程中,要做一個忠實的傾聽者,不可左顧右盼,以便及時獲取客戶的購買意向

四、營業員在推銷過程中不懂得推銷禮儀

推銷禮儀是營業員在從事產品交易的各種行為中應當遵循的一系列禮儀規範。營業員在推銷過程中應該熱忱地對待客戶,融洽地與客戶進行商務談判,理性地揣摩技巧來宣傳自己的產品。如果不懂得禮貌禮儀,只一味地急於成交,會帶來不良後果。

1. 營業員在推銷過程中不懂得推銷禮儀的具體表現

推銷禮儀是一套比較繁雜的要求。許多營業員認為不用過於客套，或者對這些禮貌禮儀根本不瞭解，在工作中隨心所欲，不加注意，主要表現如圖 4-6 所示。

圖 4-6　營業員在推銷過程中不懂得推銷禮儀的具體表現

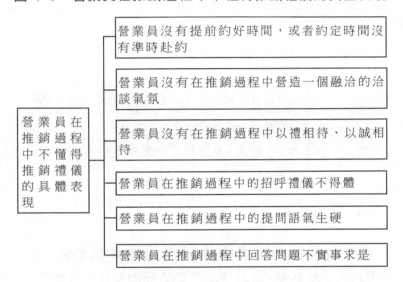

2. 營業員在推銷過程中不懂得推銷禮儀的危害

營業員在推銷過程中應注重自身的推銷禮儀，給客戶留下良好的印象。如果不注意推銷禮儀，在洽談過程中會帶來許多危害，如表 4-3 所示。

表 4-3　營業員在推銷過程中不懂得推銷禮儀的危害

忘記客戶的名字	想不起客戶的名字，客戶會很不高興，因為沒有得到尊重
男營業員緊握女客戶的手	女客戶會認為營業員「居心不良」
漠視名片的存在	會流失潛在的客戶
不拘禮儀與小節	客戶對不拘禮節的營業員會產生不快，因為營業員太隨便
突然襲擊	客戶沒有任何心理準備，基本會拒營業員於門外
遲到	不守時間，很難得到客戶的信任
缺乏耐性	匆忙、慌張、缺乏耐性會讓客戶急躁、不耐煩，從而中止交流
態度傲慢	傲慢的態度只會得罪客戶，進而讓客戶瞧不起

3.營業員在推銷過程中推銷禮儀的具體應用

在現代商業活動中，營業員與客戶之間的交往空前頻繁，無論那一位營業員都要建立一定的人際關係才可以順利完成工作。營業員在推銷過程中正確使用推銷禮儀對促進推銷活動的成功有著重大作用，所以必須引起營業員的深思和重視。

營業員在推銷過程中要重視推銷禮儀的應用，見圖 4-7。

圖 4-7　營業員在推銷過程中推銷禮儀的具體應用

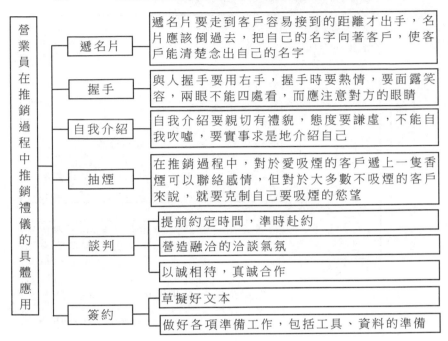

4.推銷禮議在推銷中的作用

　　營業員的推銷禮儀對促進商務推銷活動起到越來越巨大的作用，已引起營業員的深思和重視。

　　推銷禮儀在推銷過程中的作用，具體有三個方面，如圖 4-8 所示。

圖 4-8 推銷禮儀的作用

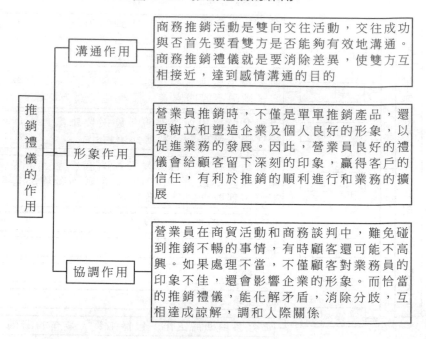

商務推銷活動是雙向交往活動，交往成功與否首先要看雙方是否能夠有效地溝通。商務推銷禮儀就是要消除差異，使雙方互相接近，達到感情溝通的目的

營業員推銷時，不僅是單單推銷產品，還要樹立和塑造企業及個人良好的形象，以促進業務的發展。因此，營業員良好的禮儀會給顧客留下深刻的印象，贏得客戶的信任，有利於推銷的順利進行和業務的擴展

營業員在商貿活動和商務談判中，難免碰到推銷不暢的事情，有時顧客還可能不高興。如果處理不當，不僅顧客對業務員的印象不佳，還會影響企業的形象。而恰當的推銷禮儀，能化解矛盾，消除分歧，互相達成諒解，調和人際關係

五、使用不恰當的開場白

萬事開頭難，推銷更是這樣。營業員在向客戶推銷產品時，為了讓客戶能夠更多地瞭解自己的產品，先有一個良好的開頭，這便是推銷的「開場白」。

1. 不恰當開場白的具體表現

良好的開端是成功的一半。營業員常常把握不好自己的「開場白」，或者在推銷中「開場白」不恰當，從而影響推銷工作的進行。這些恰當的「開場白」的具體表現，如圖 4-9 所示。

圖 4-9　營業員在推銷過程中不恰當的開場白的具體表現

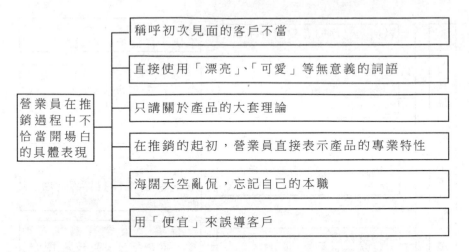

2.營業員在推銷過程中不恰當開場白的危害

　　營業員在推銷過程中不恰當的開場白對推銷工作的進一步展開有著很大影響，尤其是對未預約客戶的拜訪，糟糕的開場白無疑是在「自殺」。營業員在推銷過程中不恰當的開場白的危害，如圖 4-10。

圖 4-10　營業員在推銷過程中不恰當的開場白的危害

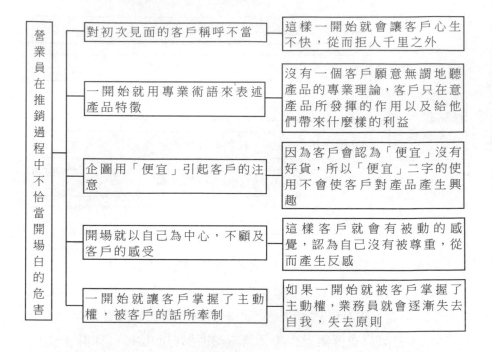

營業員在推銷過程中不恰當開場白的危害	對初次見面的客戶稱呼不當	這樣一開始就會讓客戶心生不快，從而拒人千里之外
	一開始就用專業術語來表述產品特徵	沒有一個客戶願意無謂地聽產品的專業理論，客戶只在意產品所發揮的作用以及給他們帶來什麼樣的利益
	企圖用「便宜」引起客戶的注意	因為客戶會認為「便宜」沒有好貨，所以「便宜」二字的使用不會使客戶對產品產生興趣
	開場就以自己為中心，不顧及客戶的感受	這樣客戶就會有被動的感覺，認為自己沒有被尊重，從而產生反感
	一開始就讓客戶掌握了主動權，被客戶的話所牽制	如果一開始就被客戶掌握了主動權，業務員就會逐漸失去自我，失去原則

3.確立明確、簡潔的開場白

在推銷過程中，營業員的開場白十分重要。一個漂亮的開場白就像一篇精彩的小說的引言，能夠吸引客戶。明確、簡潔的開場白如圖4-11 所示。

推銷專家原一平經常騎著腳踏車外出做直接拜訪。有一次他帶著新進人員到住宅區開拓客戶，途中經過一座正在施工的橋。剛騎到橋中央就失去平衡，他連人帶車一起滾到河床上。雖然沒有造成大禍，但腳踏車摔壞了，身體多處擦傷，有的地方還流著血，連衣服也擦破了好幾個洞。等他爬上來後，拖著劇痛的腳來到附近一戶人家，劈頭就對來開門的太太說：「太太，我今天真倒楣，那座橋好危險那，千

萬不要過那座橋。」接著又將自己從橋上滾落的經過對這位瞠目結舌、驚訝不已的婦人描述了一遍。等他說完，婦人就問：「請問你是……？」這時候他才開始自我介紹。由於之前那一席話早就將初次見面的陌生、隔閡消除得乾乾淨淨，因此，他幾乎沒怎麼說服對方，便順利簽下一份合約。

可見，開場白不能生搬硬套，要適時地靈活變通，具備獨特的個性特點，才會有效地吸引客戶的注意力，為成功推銷做好鋪墊。

圖 4-11 確立明確、簡明的開場白

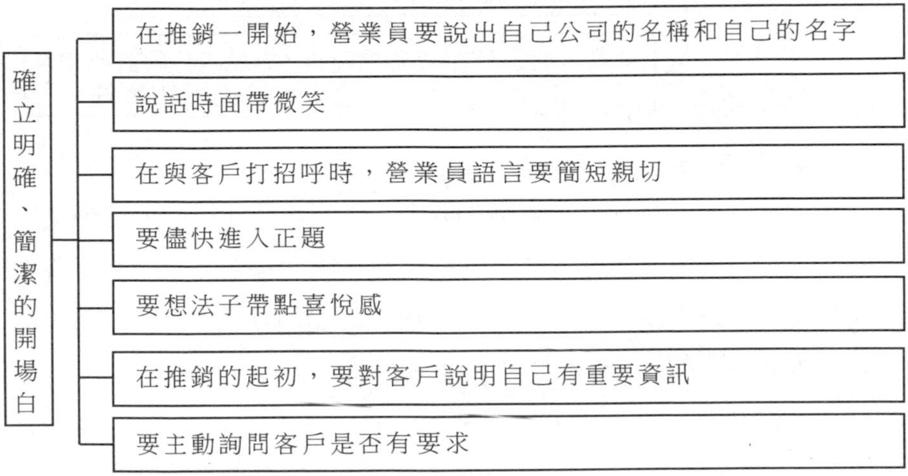

六、機械式背誦說明書

1. 機械背誦說明書的具體表現

一般來講，任何企業都會花一定的費用來印製產品說明書，並且無限制地提供給營業員。營業員也對產品說明書「奉若至寶」，認為只要把產品的說明書背會了，背熟了，就會贏得客戶的訂單。於是，

某些營業員就機械地背誦說明書。營業員機械地背誦說明書的具體表現如圖 4-12 所示。

圖 4-12　營業員機械地背誦說明書的表現

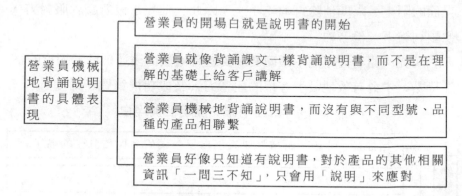

2.機械背誦說明書的危害

說明書只是一種與客戶溝通的媒介,恰如其分地使用才能帶來一定的作用。如果把產品說明書當成擋箭牌,處處都依靠說明書,營業員就喪失了推銷的原動力和資訊以及提升自己的機會。營業員機械背誦說明書的危害如圖 4-13 所示。

圖 4-13 營業員機械地背誦說明書的表現

營業員機械地背誦說明書的危害

- 人不是機器，如果營業員機械地背誦說明書形成習慣，就不會和客戶進行正常交流
- 機械地背誦說明書只會讓客戶覺得無話可談，很可能會讓客戶有中止繼續交流的打算
- 機械地背誦說明書，會讓客戶認為營業員不懂得尊重客戶想真正瞭解產品的意向，引起反感
- 機械地背誦說明書，更多的會讓客戶認為營業員目中無人，從而丟失一些潛在的客戶

3.營業員在推銷過程中可以使用的其他輔助措施

營業員在推銷過程中可以使用「背誦說明書」以外的其他輔助措施。如圖 4-14 所示。

圖 4-14 其他輔助措施

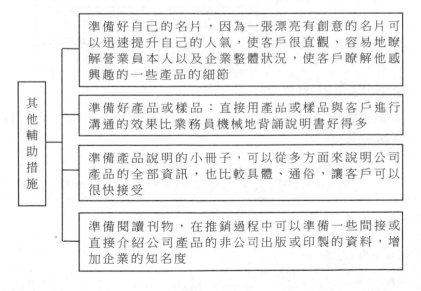

其他輔助措施

- 準備好自己的名片，因為一張漂亮有創意的名片可以迅速提升自己的人氣，使客戶很直觀、容易地瞭解營業員本人以及企業整體狀況，使客戶瞭解他感興趣的一些產品的細節
- 準備好產品或樣品：直接用產品或樣品與客戶進行溝通的效果比業務員機械地背誦說明書好得多
- 準備產品說明的小冊子，可以從多方面來說明公司產品的全部資訊，也比較具體、通俗，讓客戶可以很快接受
- 準備閱讀刊物，在推銷過程中可以準備一些間接或直接介紹公司產品的非公司出版或印製的資料，增加企業的知名度

七、只唱獨角戲，缺少與客戶之間的互動

1. 唱獨角戲，缺少與客戶之間互動的具體表現

唱獨角戲的表現常常是以個人為中心，自己成了推銷中的「主角兒」，卻忽略了客戶的存在。在沒有和客戶進行互動的情況下推銷產品，會讓客戶覺得營業員很魯莽。

圖 4-15　缺少與客戶之間的互動的具體表現

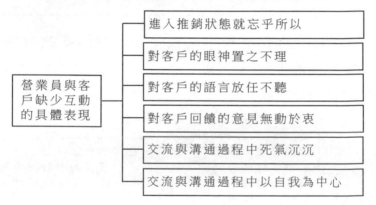

營業員與客戶缺少互動的具體表現
- 進入推銷狀態就忘乎所以
- 對客戶的眼神置之不理
- 對客戶的語言放任不聽
- 對客戶回饋的意見無動於衷
- 交流與溝通過程中死氣沉沉
- 交流與溝通過程中以自我為中心

2. 唱獨角戲的危害

唱獨角戲、缺少與客戶之間互動的危害就在於忽略了客戶的存在。具體危害如表 4-4 所示。

表 4-4　缺少與客戶之間互動的危害

客戶	具體危害
對客戶的眼神和話語置之不理	不瞭解客戶的感受，會讓客戶產生自卑而放棄溝通
交流過程中死氣沉沉	沒有互動的交流會讓客戶感到孤單從而放棄洽談
交流過程中以自我為中心	營業員以自我為中心是不尊重客戶的表現

3.營業員在推銷過程中與客戶互動的具體措施

營業員在推銷過程中應該主動與客戶友好地進行互動，這樣可以使客戶更好地融入推銷的工作中，易使客戶以一個良好的心情來接納營業員以及營業員所推銷的產品。

營業員在推銷過程中與客戶互動的具體措施如圖 4-16 所示。

圖 4-16　營業員在推銷過程中與客戶互動的具體措施

```
營業員在推銷過    ┌─ 營業員在推銷過程中，不要唱獨角戲，要更多地讓
程中與客戶互動 ──┤   客戶參與到推銷中來
的具體措施       │
                 ├─ 營業員在推銷過程中，可以使用講故事等方法，讓
                 │   客戶覺得推銷過程是非常有趣的
                 │
                 ├─ 營業員在推銷過程中可以制定一些大家庭的氣氛，
                 │   讓客戶身邊的人也參與進來，這樣，給客戶一個寬
                 │   鬆、安全的環境，更有利於洽談的進行
                 │
                 ├─ 營業員在推銷過程中可以讓客戶也做一次業務員，
                 │   讓客戶感受一下推銷的樂趣，更有助於推銷工作的
                 │   瞭解和接受，從而促成洽談
                 │
                 └─ 營業員在推銷過程中應該對客戶的眼神和嘴唇時刻
                     保持關注，以便更多地發現客戶對什麼細節感興
                     趣，更好地展開推銷工作
```

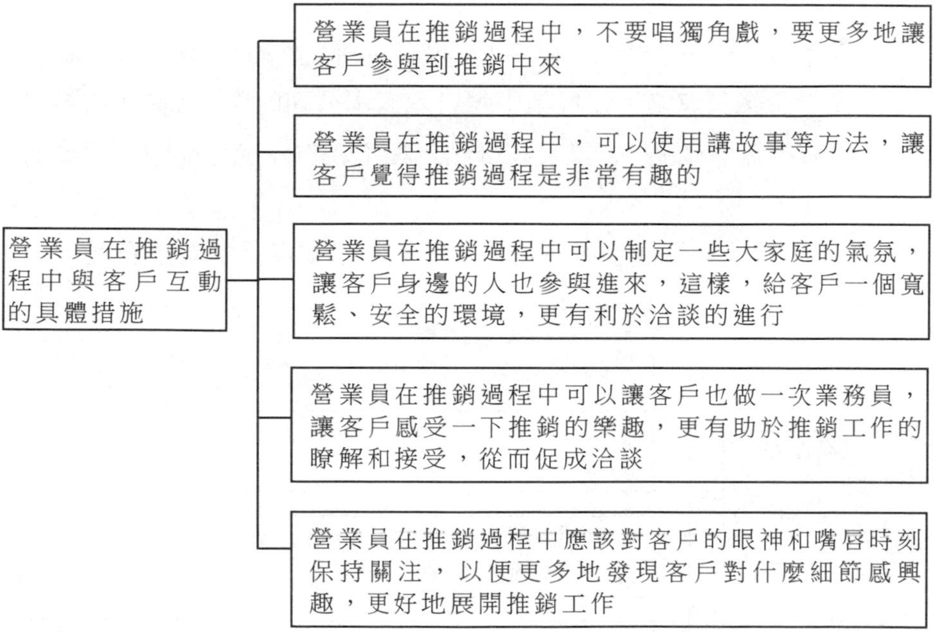

八、不親自示範產品

營業員在推銷過程中除了用禮貌的語言與客戶進行洽談外,更重要的是要將產品親自示範展示給客戶,讓客戶不僅是從文字上瞭解產品的性能和特點,更可以通過營業員在推銷過程中親自示範產品,對所推銷的產品產生極大興趣,從而做好購買的心理準備。

1.營業員在推銷過程中不親自示範產品的具體表現

部份營業員忽略了在推銷中親自示範本公司的產品,從而讓客戶不能直觀得瞭解產品。營業員在推銷過程不親自示範產品的具體表現如圖 4-17 所示。

圖 4-17　營業員在推銷過程中不親自示範產品的具體表現

營業員在推銷過程中不親自示範產品的具體表現

- 營業員在推銷過程中,只是過多地用說明書或介紹書來說明產品,沒有親自展示產品或示範產品
- 營業員在推銷過程中,根本不帶產品,使得親自示範產品過程無法展開
- 營業員在推銷過程中,親自示範的不是公司產品本身,而是和公司產品毫不相干的其他物品
- 營業員在推銷過程中,帶了本公司的樣品,但是在洽談過程中,就讓樣品靜躺在一個角落

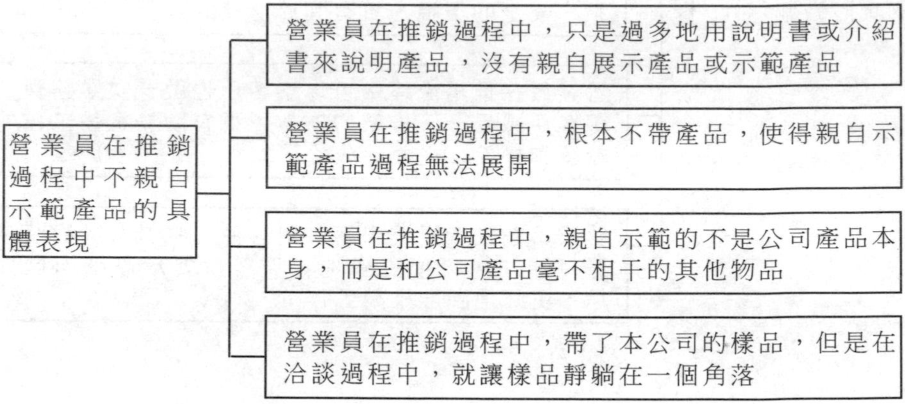

2.營業員在推銷過程中不親自示範產品的危害

營業員在推銷過程中，忽略了親自示範產品的重要性，而只用一些內容過於專業的說明書或者宣傳海報來應付客戶，不主動對推銷的產品進行示範，不讓客戶看到產品的真實面目。這種行為會成為以後在推銷過程中的一大阻礙，它的危害是很大的。

推鎖員在推銷過程中不親自示範產品的危害如圖 4-18 所示。

圖 4-18　營業員在推銷過程中不親自示範產品的危害

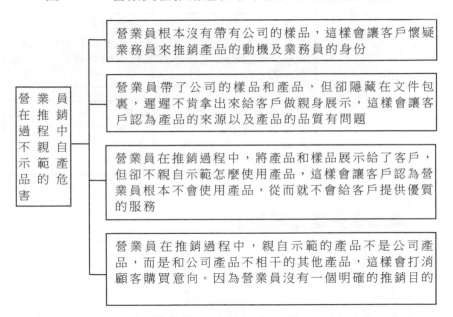

營業員在推銷過程中不親自示範產品的危害

- 營業員根本沒有帶有公司的樣品，這樣會讓客戶懷疑業務員來推銷產品的動機及業務員的身份

- 營業員帶了公司的樣品和產品，但卻隱藏在文件包裏，遲遲不肯拿出來給客戶做親身展示，這樣會讓客戶認為產品的來源以及產品的品質有問題

- 營業員在推銷過程中，將產品和樣品展示給了客戶，但卻不親自示範怎麼使用產品，這樣會讓客戶認為營業員根本不會使用產品，從而就不會給客戶提供優質的服務

- 營業員在推銷過程中，親自示範的產品不是公司產品，而是和公司產品不相干的其他產品，這樣會打消顧客購買意向。因為營業員沒有一個明確的推銷目的

3.營業員在推銷過程中親自示範產品的具體措施

營業員在推銷過程中，如果能親自示範產品，會使客戶多方面、直觀地瞭解和認識營業員所推銷產品的性能作用以及會帶來的益處。營業員在推銷中親自示範產品的具體措施如圖 4-19 所示。

圖 4-19　營業員在推銷過程中親自示範產品的具體措施

- 營業員在推銷過程中親自示範產品的具體措施
  - 營業員在推銷過程中應該主動將公司的產品和樣品隨身攜帶，便於在任何一個客戶需要瞭解公司的產品時，親自示範
  - 營業員在推銷過程中應該將公司的樣品放在客戶能看得到的地方，不要隱藏在文件包裏或文件袋裏。這樣讓客戶有個接受產品的心裏準備
  - 營業員在推銷過程中應該適當的時刻主動、親自示範產品，不應該讓客戶提出示範產品的要求之後再親自示範產品，要在推銷過程中始終處於「主動出擊」的地位
  - 營業員在推銷過程中一定要親自示範本公司推銷的產品，而不能去推銷與公司無關的其他產品，這樣會誤導客戶而購買了不是營業員所在公司的產品

九、不注意示範效果

1. 營業員在推銷過程中不注意示範效果的具體表現

營業員在推銷時親自示範產品的過程中，一定要注意親自示範產品的效果，客戶很可能通過推銷過程中營業員示範產品的行為而產生購買計劃。如果營業員在推銷過程中沒有認真、仔細親自示範自己的產品，不注重產品的示範效果，那麼客戶就不會進一步與營業員溝通。

營業員在推銷過程中不注意示範產品效果的具體表現如圖 4-20 所示。

圖 4-20　營業員在推銷過程中不注意示範效果的具體表現

營業員在推銷過程中不注意示範效果的具體表現	→	營業員在推銷過程中，沒有當著客戶的面親自示範產品
	→	營業員在推銷過程中，雖然親自示範產品，但客戶還沒有完全瞭解產品，示範就結束，沒有示範效果
	→	營業員在親自示範產品的過程中，沒有得到客戶的回饋，或者示範方式不對

2.營業員在推銷過程中不注意示範效果的危害

營業員在推銷過程中不注意示範的效果，會使前期的努力起不到任何作用。因此，營業員不注意示範效果的危害是很大的。

營業員在推銷過程中不注意示範效果的危害如圖 4-21 所示。

圖 4-21　不注意示範效果的危害

不注意示範效果的危害	→	營業員在推銷過程中，沒有當著客戶的面親自示範，會讓整個示範毫無意義
	→	營業員在推銷過程中，親自示範產品的方法不對，會讓客戶無法瞭解產品的真正性能
	→	營業員在推銷過程中，示範產品的速度快，不知道自己的產品示範是否取得了應有的效果

3.營業員在推銷過程中應怎樣注意產品示範的效果

營業員在進行產品示範時，不能光顧自己在那裏演示，而要注意

自己的演示效果。在推銷過程中，營業員最好能夠製造戲劇性效果。製造戲劇性效果實際上是與展示商品同時進行的，它可以使營業員所推銷的產品成為活的故事主角，以增加客戶對產品的信賴，加深客戶對產品的印象，客戶的興趣自然會隨之倍增。只有吸引了客戶的興趣和購買慾望的產品展示才是營業員想要的，也才能對推銷產生推動作用。

　　營業員在推銷過程中注意產品示範效果的具體措施如表 4-5 所示。

表 4-5　營業員在推銷過程中注意產品示範效果的具體措施

措施	具體內容
找一個好的展示角度	人們總會從一定的角度觀察事物，角度的不同會使人獲得不同的感受，從而形成不同的印象和看法。營業員展示產品的角度應該有助於客戶瞭解產品
讓客戶參與到產品展示中來	展示就是一門藝術，包含著豐富的技巧。這些技巧不僅包括商品演示技術，更重要的是營業員在推銷產品時，要積極邀請客戶參加演示，創造出一種和諧的推銷氣氛
找一個恰當的展示時機	營業員的產品展示必須選擇恰當的時機才能引起客戶的注意。營業員一旦尋找到恰當的時機，他展示的產品就可以吸引更多的客戶
有一個欣賞自己產品的態度	營業員在向客戶展示產品時，應該表現出十分欣賞自己的產品，只有這樣，營業員的展示活動才能收到理想的效果

十、試圖辯勝客戶

客戶總是有需要的，營業員在推銷過程中，要分析這種需要，去喚起他們的需求，而不是試圖在推銷過程中將客戶想成敵手、對手，試圖戰勝他們。

1.試圖戰勝客戶的具體表現

圖 4-22　試圖戰勝客戶的具體表現

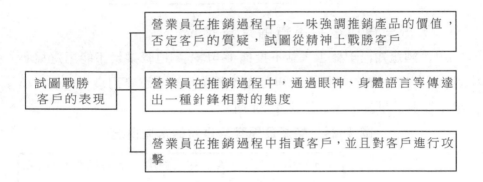

試圖戰勝客戶的表現
- 營業員在推銷過程中，一味強調推銷產品的價值，否定客戶的質疑，試圖從精神上戰勝客戶
- 營業員在推銷過程中，通過眼神、身體語言等傳達出一種針鋒相對的態度
- 營業員在推銷過程中指責客戶，並且對客戶進行攻擊

2.試圖戰勝客戶的危害

在任何狀態下，營業員與客戶之間的關係都是平等的。這種平等是精神上的平等和身體上的平等。不要試圖去戰勝你的客戶那樣只會遭到拒絕以至於客戶流失。

營業員在推銷時試圖戰勝客戶的危害，如圖 4-23 所示。

圖 4-23　試圖戰勝客戶的危害

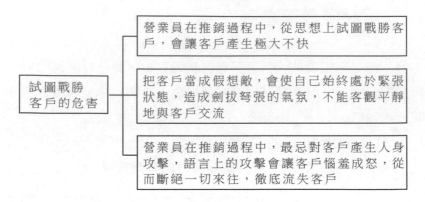

試圖戰勝
客戶的危害

営業員在推銷過程中，從思想上試圖戰勝客戶，會讓客戶產生極大不快

把客戶當成假想敵，會使自己始終處於緊張狀態，造成劍拔弩張的氣氛，不能客觀平靜地與客戶交流

營業員在推銷過程中，最忌對客戶產生人身攻擊，語言上的攻擊會讓客戶惱羞成怒，從而斷絕一切來往，徹底流失客戶

3.營業員與客戶爭辯的常見情況

「酒逢知己千杯少，話不投機半句多」。但營業員不能用這種心態面對客戶。實際情況中，卻有許多營業員經常意氣用事，在一些小事上與客戶爭論不休，如圖 4-24 所示。

圖 4-24　營業員與客戶爭辯的常見情況

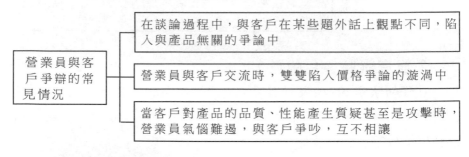

營業員與客戶爭辯的常見情況

在談論過程中，與客戶在某些題外話上觀點不同，陷入與產品無關的爭論中

營業員與客戶交流時，雙雙陷入價格爭論的漩渦中

當客戶對產品的品質、性能產生質疑甚至是攻擊時，營業員氣惱難過，與客戶爭吵，互不相讓

4.要和客戶成為朋友

在推銷過程中，營業員要用一顆平常心，努力和客戶成為好朋友，不要試圖用任何方式去戰勝客戶的精神和身體。只有用溫暖靠近客戶，才可以贏得客戶的心，從而為以後的工作鋪平道路。

營業員在推銷過程中和客戶成為朋友的具體措施如表 4-6 所示。

表 4-6　戰勝陌生感，和客戶成為朋友

和客戶成為朋友的方法	和客戶成為朋友的具體做法
讓客戶有滿足感	要讓客戶滿足，就要給客戶足夠的利益，要說服客戶在合約條款上簽名，切記要給客戶足夠的利益
讓客戶明白營業員對他利益的重視	每個營業員也許都會因為太關注自己的利益而忽視了客戶的利益。因此，如果營業員想瞭解客戶，一定要耐心地傾聽客戶的顧慮
保持開放的態度不要過早下定論	在推銷的洽談過程中，雙方在沒有進行磋商之前，不要單方面把自己鎖定在一個特定的解決辦法之中。要懂得變通，協定才能達成
在推銷過程中，推銷要解決的是問題，而不是一場比賽	要把推銷看成是一種共同解決問題的過程。如果營業員和客戶把雙方的關係看成是同事，並且能共同努力解決一個複雜問題，那麼推銷工作將會進行得很順利

5.抑制與客戶爭辯的衝動

抑制與客戶爭辯的衝動,在融洽的氣氛中與客戶溝通,如圖 4-25
所示。

圖 4-25　抑制與客戶爭辯的衝動

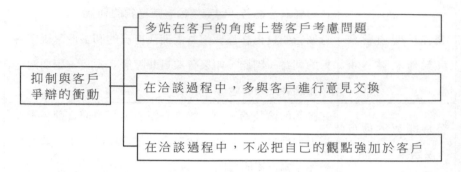

6.抑制與客戶爭辯的衝動

總之,推銷的目的是為了清楚地瞭解客戶的需求,鼓勵他的需
求,並滿足他的需求,而且是為了在某個細節上爭個水落石出,爭個
你長我短。營業員與客戶就其中一個問題進行探討,只是為了提出自
己的看法,並不意味著一定要客戶接受你的看法。從另一個角度來
看,既然客戶有興趣就其中某一細節爭論,說明他對產品也有興趣,
那麼需要討論的問題會有很多,營業員切不可死盯在一個問題上,把
推銷面談變成一場辯論會,應緊緊追隨客戶的視角,在融洽的氣氛
下,用友善的語氣,與客戶多交流。

十一、過分推銷

一般來講，若營業員想做成一筆銷售生意的願望非常強烈，就容易陷入「說服」的模式．營業員會對客戶糾纏不休，或者會對自己所推銷的產品的服務自吹自擂，同時也會聽不進反對意見，只希望客戶會被說得心動並買其所推銷的產品。

1. 過分推銷的具體表現

過分推銷在營業員中並不少見，他們對每一位目標客戶都不輕易放掉，「咬定青山不放鬆」，不達目的不甘休。

營業員在推銷過程中過分推銷的具體表現如圖 4-26 所示。

圖 4-26　營業員在推銷過程中過分推銷的具體表現

營業員在推銷過程中過分推銷的表現	營業員在用電話推銷時，對著話筒喋喋不休講個沒完沒了
	營業員在登門拜訪時，在客戶辦公室或家裏的沙發上坐很長的時間，而不管客戶是否很忙
	營業員在等待客戶做決定的日子裏，三番五次地打電話催問
	營業員每遇到一個客戶就纏住不放，向其宣傳或者強迫其購買，擺出一副軟磨硬泡的架勢
	營業員在與客戶洽談時，對客戶結束談話的暗示視而不見，對客戶的活動和事情不予理睬

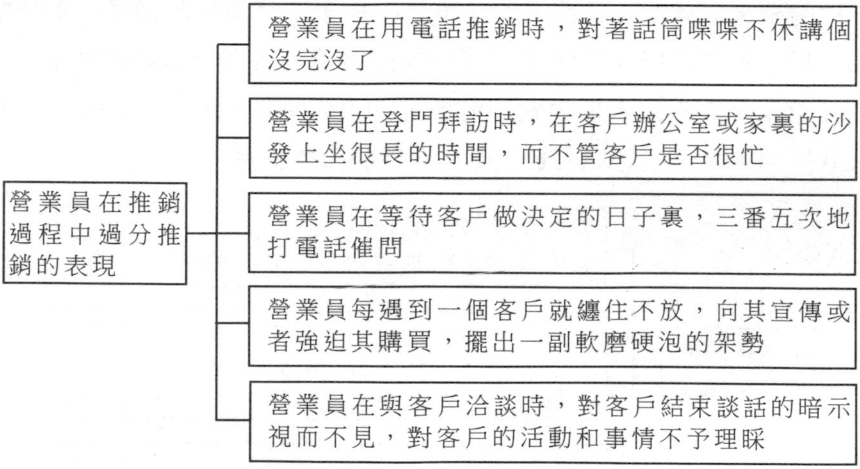

2.過分推銷的危害

過分推銷對推銷的效果影響非常大,很可能會使營業員的各種努力都前功盡棄。具體危害如圖 4-27 所示。

圖 4-27　過分推銷的危害

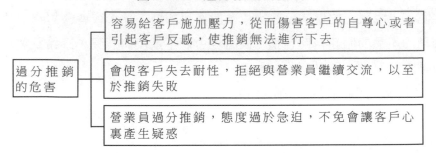

過分推銷的危害	容易給客戶施加壓力,從而傷害客戶的自尊心或者引起客戶反感,使推銷無法進行下去
	會使客戶失去耐性,拒絕與營業員繼續交流,以至於推銷失敗
	營業員過分推銷,態度過於急迫,不免會讓客戶心裏產生疑惑

3.適度推銷

面對客戶,營業員最忌死纏硬泡,強行推銷。這種推銷方式是對客戶的嚴重失禮,為有經驗的營業員所摒棄。有句話說得好,水到渠成。只要推銷的條件成熟了,客戶自然會接受營業員推銷的商品。

營業員在推銷過程中做適度推銷的具體措施如圖 4-28 所示。

圖 4-28　適度推銷的具體措施

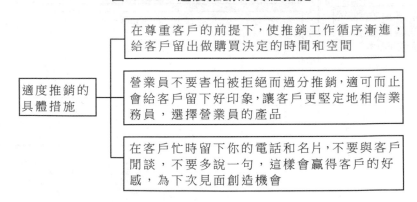

適度推銷的具體措施	在尊重客戶的前提下,使推銷工作循序漸進,給客戶留出做購買決定的時間和空間
	營業員不要害怕被拒絕而過分推銷,適可而止會給客戶留下好印象,讓客戶更堅定地相信業務員,選擇營業員的產品
	在客戶忙時留下你的電話和名片,不要與客戶閒談,不要多說一句,這樣會贏得客戶的好感,為下次見面創造機會

十二、不敢拒絕客戶

1.營業員在推銷過程中不敢拒絕客戶的具體表現

有些營業員在推銷過程中不敢輕易說不，怕傷了對方的感情，怕推銷失敗，但是這樣小心謹慎的結果往往會導致推銷失敗。因為這是營業員對自己缺乏信心的表現。營業員在推銷過程中不敢拒絕客戶的具體表現，如圖 4-29 所示。

圖 4-29　營業員在推銷過程中不敢拒絕客戶的具體表現

```
                      ┌─────────────────────────────────┐
                      │ 營業員對客戶詢問公司成本的問題支吾半天 │
                      │ 不敢回答                          │
            ┌─────────┴─────────────────────────────────┘
營業員在推  │         ┌─────────────────────────────────┐
銷過程中不 ─┤         │ 營業員對客戶大幅度降價的無理要求猶豫半 │
敢拒絕客戶  │         │ 天不敢決定                        │
的具體表現  ├─────────┴─────────────────────────────────┘
            │         ┌─────────────────────────────────┐
            └─────────┤ 女營業員對男客戶的要求不敢拒絕,又礙於面 │
                      │ 子,模棱兩可                       │
                      └─────────────────────────────────┘
```

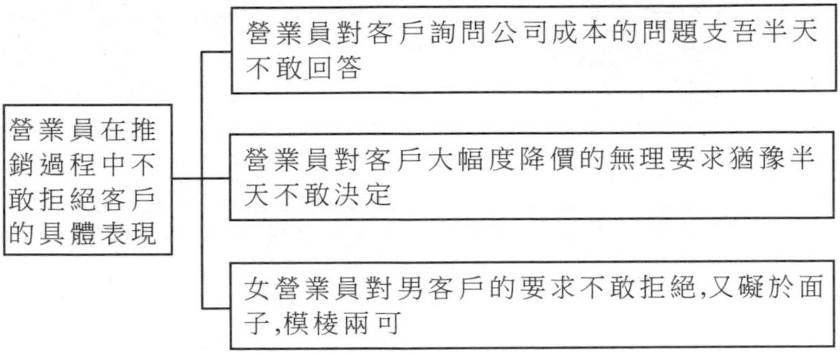

2.營業員在推銷過程中不敢拒絕客戶的危害

營業員在推銷過程中一定要有自己的主見,不能沒有主心骨,聽任客戶的擺佈,那樣就會使推銷工作無法繼續進行下去。營業員在推銷過程中不敢拒絕客戶的危害如圖 4-30 所示。

圖 4-30　營業員在推銷過程中不敢拒絕客戶的危害

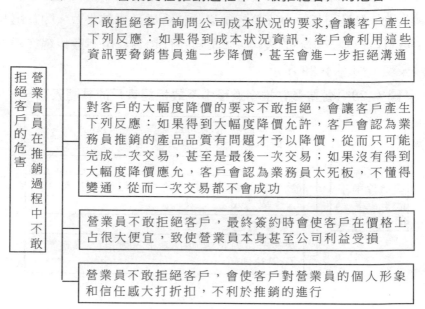

營業員在推銷過程中不敢拒絕客戶的危害

不敢拒絕客戶詢問公司成本狀況的要求,會讓客戶產生下列反應:如果得到成本狀況資訊,客戶會利用這些資訊要脅銷售員進一步降價,甚至會進一步拒絕溝通

對客戶的大幅度降價的要求不敢拒絕,會讓客戶產生下列反應:如果得到大幅度降價允許,客戶會認為業務員推銷的產品品質有問題才予以降價,從而只可能完成一次交易,甚至是最後一次交易;如果沒有得到大幅度降價應允,客戶會認為業務員太死板,不懂得變通,從而一次交易都不會成功

營業員不敢拒絕客戶,最終簽約時會使客戶在價格上占很大便宜,致使營業員本身甚至公司利益受損

營業員不敢拒絕客戶,會使客戶對營業員的個人形象和信任感大打折扣,不利於推銷的進行

3.在推銷過程中應該學會拒絕客戶

營業員在推銷過程中應該學會拒絕客戶的無理要求。既要保持自己的風範，也要保證自己的尊嚴。不能一味地對客戶無理的要求進行忍讓，要在推銷過程中學會拒絕、學會說不，只有這樣才會得到客戶的尊重，從而得到客戶對營業員整體人格的認同，最終促成交易。

營業員在推銷過程中拒絕客戶的具體措施如圖 4-31 所示。

圖 4-31　營業員正確拒絕客戶的措施

營業員在推銷過程中正確拒絕客戶的措施	
	在推銷過程中，要學會對客戶探聽業務以外的事情及公司內部商業機密的事情學會說不，並用禮貌的方式拒絕，才會達到良好的效果
	在推銷過程中，要對客戶的降價請求給一個圓滿的回答。「不，我們公司是以品質取得成功的，價格的降價不是我們獲得客戶的做法。我們相信，穩定的價格才能獲得穩定的客戶」
	拒絕客戶時要禮貌、委婉，不能傷害顧客的自尊，不要造成場面的尷尬
	拒絕客戶時態度要堅決，不可半推半就，給對方留下進一步要求的幻想和餘地

十三、誇大其辭

1. 營業員在推銷過程中誇大其辭的具體表現

營業員在推銷過程中，往往不能對所推銷的產品進行正確地、符合實際地闡述，而是誇大其辭。這些推銷行為將會影響到以後的推銷工作。

圖 4-32　營業員在推銷過程中誇大其辭的具體表現

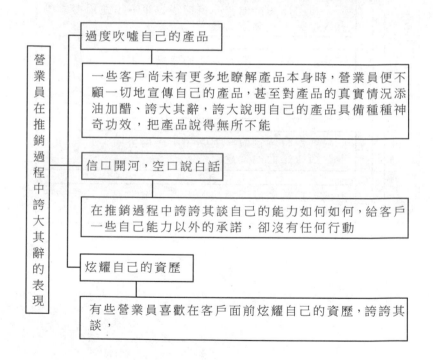

2.營業員在推銷過程中誇大其辭的危害

營業員在推銷過程中誇大其辭，不顧自己在推銷過程中的形象，會給自己今後的推銷工作帶來許多危害。

營業員在推銷過程中誇大其辭的危害如圖 4-33 所示。

圖 4-33　營業員在推銷過程中誇大其辭的危害

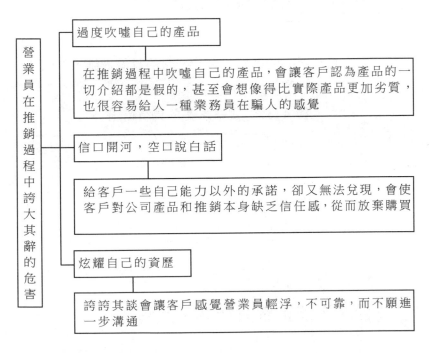

營業員在推銷中誇大其辭，過度吹噓自己的產品的行為是很常見的，也是危害最大的一種情況。

營業員在推銷產品的過程中要實事求是，如圖 4-34 所示。

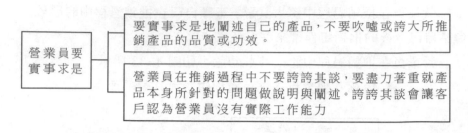

圖 4-34　營業員在推銷過程中要實事求是

營業員在推銷產品的過程中實事求是的具體措施，如圖 4-35 所示。

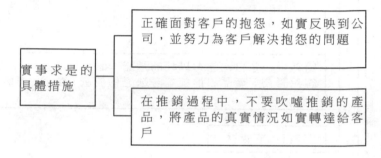

圖 4-35　實事求是的具體措施

十四、不能正確對待客戶的異議

在推銷過程中，營業員不應強行推銷。即使營業員遭到客戶的拒絕或者遇到客戶有什麼不滿，也應妥善地處理好。經過一段時間，營業員還是要去拜訪他，因為經過這段時間，也許客戶已經改變了自己的決定。即使沒有改變，營業員也要去好好地面對。逃避不是解決問題的辦法。

在推銷行業裏，不論營業員是在推銷的過程中，還是在為客戶進

行售後服務時，經常都會遇到客戶的不滿或者抱怨。對待客戶的不滿，營業員最重要的是及時採取補救措施，以便求得客戶的諒解，恢復客戶對企業的信任。否則，客戶就會揚長而去，對公司造成不良影響。

1. 營業員在推銷過程中不能正確對待客戶異議的具體表現

營業員在推銷過程中不能正確對待客戶異議的具體表現，如圖 4-36 所示。

圖 4-36　營業員不能正確對待客戶異議的具體表現

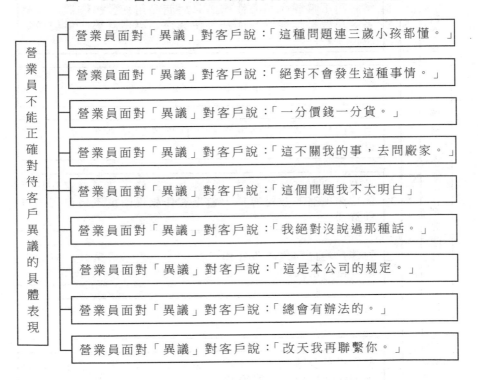

營業員面對「異議」對客戶說：「這種問題連三歲小孩都懂。」

營業員面對「異議」對客戶說：「絕對不會發生這種事情。」

營業員面對「異議」對客戶說：「一分價錢一分貨。」

營業員面對「異議」對客戶說：「這不關我的事，去問廠家。」

營業員面對「異議」對客戶說：「這個問題我不太明白」

營業員面對「異議」對客戶說：「我絕對沒說過那種話。」

營業員面對「異議」對客戶說：「這是本公司的規定。」

營業員面對「異議」對客戶說：「總會有辦法的。」

營業員面對「異議」對客戶說：「改天我再聯繫你。」

2.營業員在推銷過程中不能正確對待客戶異議的危害

　　營業員遇到客戶的抱怨，如何處理是非常重要的。如果營業員處理得及時妥當，就可以平息客戶的抱怨，如果處理不好就會火上澆油，最終鬧得不可開交，不但對營業員的銷售業績有影響，也會對營業員所在的公司產生不良影響。通常營業員因為不能正確對待客戶的異議會給自己帶來許多危害。營業員在推銷過程中不能正確處理客戶的異議的危害如圖 4-37 所示。

　　圖 4-37　營業員在推銷過程中不能正確處理客戶異議的危害

營業員在推銷過程中不能正確處理客戶異議的危害	當客戶不瞭解商品特性或者針對商品用途發出詢問時，嘲笑客戶會引起客戶的反感，使客戶心裏不舒服，促使矛盾激化
	用「不可能」來推卸責任，這樣會嚴重傷害客戶的自尊
	用「價格貴賤」來勸說客戶，價格的貴賤會讓客戶看不起自己，會讓客戶產生反感
	營業員要對商品的品質、特性有所瞭解，若不負責任地用語言來搪塞、敷衍客戶，會讓客戶覺得商家不講信用，推卸責任
	對客戶的提問用「不知道」來回答，表示營業員沒有責任感，自欺欺人
	對曾經做過的保證卻沒有履行，當客戶提出異議時，不要用「沒說過」來抵賴，會引起欺詐的嫌疑
	對客戶的異議用「對不起，這是公司的不足」這樣的回答會加深客戶對公司的誤會

3.正確處理客戶的異議

　　在推銷過程中，在客戶的抱怨面前，營業員解釋應該選擇合適的時機進行。時機選擇得好，辯解才能水到渠成，收到預期效果。營業員處理客戶異議的技巧主要有以下幾點，如圖 4-38 所示。

圖 4-38　營業員如何正確處理客戶異議

營業員如何正確處理客戶的異議

- 為了正確判斷客戶的抱怨，營業員必須站在客戶的立場看待對方提出的異議

- 客戶發怒時，總是容易激動的，而且對營業員流露出來的不信任或輕率態度特別敏感。所以當客戶抱怨時，尤其當對方感情衝動之際，營業員務必保持冷靜，洗耳恭聽，不要打斷客戶的敘述，更不要流露出輕蔑的態度

- 客戶並不總是正確的，但讓客戶感到自己正確往往是有必要的，在推銷洽談中也是值得的，尤其是當客戶對營業員或其所推銷的產品存在不滿時，營業員更應該讓客戶感覺到自己是正確的，只有這樣，才能使客戶的怒火慢慢平息

- 在一定場合，客戶的抱怨是難以避免的，營業員對此不必過於敏感，不應該把客戶的抱怨看作是對自己的指責，要把它當作正常工作中的問題去處理

第 五 章

在與客戶交往過程中容易犯的問題

　　營業員在行動上的錯誤，儘管有些看起來不是原則問題，但「千里之堤，潰於蟻穴」，日積月累起來，這些小錯誤就會成為工作上的致命錯誤。而在與人的交往中，語言、溝通是行動的基礎，這方面的錯誤會導致營業員在與客戶的交往中產生交流障礙。如不及時發現並改正，時間長了，就會造成人與人之間的隔膜，進而妨礙工作的開展。

一、辦事拖拉

　　是不是覺得應該拜訪一下某位老客戶？是不是答應寄給客戶的產品介紹還沒有寄出去？是不是那位客戶要求更換產品你還沒有去辦？如果你的答案是肯定的，那麼你去做了嗎？如果沒做，那你在等什麼？有什麼事阻礙了你？什麼原因使你猶豫不決？

　　不要再為自己找不做的理由了，這只能進一步證明你的辦事拖拉。拖拖拉拉、猶猶豫豫的營業員不在少數。這些營業員也不是對自

己的工作沒有想法，只是有了想法沒有立刻去做，要麼瞻前顧後，要麼推三拖四，總是不能立即實現。

1. 辦事拖拉的表現

沒有責任心、事業心、進取心的營業員才會辦事拖拖拉拉、猶豫不決。拖拉是源自惰性，猶豫是因為缺乏主見，而猶豫又造成拖拉。

圖 5-1　營業員辦事拖拉的表現

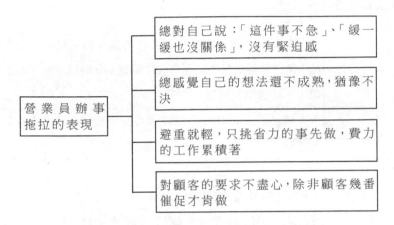

2. 辦事拖拉的危害

一份分析 2500 名嘗到敗績的人群的報告顯示，遲疑不決高居 31 種失敗原因的榜首。對於營業員來說，拖延和猶豫不決也會將他帶入困境，其危害如表 5-1 所示。

累積財富成功的每一個人都有迅速下決心的習慣。累積財富失敗的人則毫無例外地遇事遲疑不決、猶豫再三，就算是終於下了決心，也是推三拖四、拖泥帶水，一點也不乾脆俐落，而且又習慣於朝令夕改，一日數變。

可見，拖拉、猶豫與失敗只有一步之遙。營業員若不想墜入失敗的深淵，就必須克服辦事拖拉的習慣。

表 5-1　營業員辦事拖拉的危害

危害	具體說明
引發客戶不滿	拖延工作使營業員不能及時滿足客戶的各種需求，引發不滿
影響工作效率	營業員將本該完成的工作拖後，自己又有新計劃，在完成新計劃時還惦記著未完成的工作，結果兩件事的效率都受影響
造成工作堆積	許多未能及時完成的工作堆積到一起以至於難以處理，使營業員手足無措、毫無頭緒
導致後悔心理	一開始猶豫不決，設計了很多種可能，但結果只會是其中一種，萬一這個結果不夠理想就開始後悔，自己當初不該那麼猶豫，不該選這個辦法
造成方向迷失	今天做出了決定，明天又變更決定，這麼變化不定會打亂原先的陣腳，使營業員失去原有的努力方向

3.克服辦事拖拉的壞習慣

　　亨利·福特最醒目的特徵之一，就是迅速達成確切決定的習慣。福特先生的這一特質使他剛出名就背上頑固不化的罵名。也就是這一特質使得他在所有顧問的反對下，在許多購車人士促他改變的情況下，仍一意孤行，繼續製造他有名的 T 型車種。正是福特先生的堅定不移，為他自己賺得了巨額財富。這些財富早在 T 型車有必要改變造型之前，已使他成為汽車大王。

　　營業員要克服辦事拖拉的習慣，必須學會適時決斷，立即行動。

　　也就是說，營業員必須學會從決斷中尋找動力，及時解決新出現的問題。

　　當然，辦事不拖拉也不意味著營業員對待事情不能有靈活性。常說「計劃趕不上變化」，這時候營業員的決斷則需要適時而靈活。例

如營業員正打算去拜訪一位客戶時，另一位老客戶卻請求他送些產品上門。難道他必須堅持之前的決定而拒絕這位老客戶的請求嗎？那樣損失的不只是眼前這些生意，還會損失一位老客戶。所以這時營業員就要適當改變一下之前的決定，先給老客戶送貨，再去拜訪新客戶。最好先打電話告知新客戶求其諒解。事實上這也是一個決斷。

　　總之，營業員要學會當機立斷，不要拖拉、猶豫，而是在決定後馬上展開行動。

圖 5-2　營業員如何克服辦事拖拉的習慣

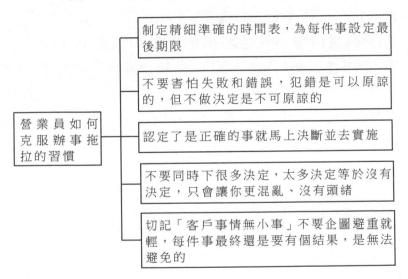

營業員如何克服辦事拖拉的習慣

- 制定精細準確的時間表，為每件事設定最後期限
- 不要害怕失敗和錯誤，犯錯是可以原諒的，但不做決定是不可原諒的
- 認定了是正確的事就馬上決斷並去實施
- 不要同時下很多決定，太多決定等於沒有決定，只會讓你更混亂、沒有頭緒
- 切記「客戶事情無小事」不要企圖避重就輕，每件事最終還是要有個結果，是無法避免的

二、不注意時機

　　營業員吉拉德去拜訪一位客戶：「蒙特利先生，您上次說你們需要這批設備，我今天特意將一些相關資料帶來了，給您參考。」
　　蒙特利一邊和別人講著電話，一邊起草著一份文件，根本無

暇顧及吉拉德。

　　當吉拉德正想再次發問時，蒙特利的聲調提高了八度：「怎麼回事，不是已經給你交代得很清楚了嗎？」吉拉德嚇了一跳，蒙特利正對著話筒發火。營業員吉拉德有些不知所措，好不容易等到蒙特利打完電話，吉拉德再次重覆了剛才的話，蒙特利不耐煩地說：「我們現在不需要了，以後再說。」

　　細心觀察、捕捉正確的時機是推銷成功的前奏。然而許多營業員經常在推銷拜訪、成交時不注意把握時機，造成推銷失敗。這不是因為執行得不好，而是執行的時機選擇不當。

1. 營業員辦事不注意時機的表現和危害

　　古人講成事需要「天時、地利、人和」，事實上所謂的「天時」是可以通過人力來創造和把握的。但許多營業員認為時機是個偶然的、人力不可及的因素，卻不去考慮自身辦事的時機問題。其主要表現和危害如表 5-2 所示。

表 5-2　營業員不注意辦事時機的表現和危害

	表現	危害
不注意推銷時機	興之所至，突然造訪	客戶對這樣的「不速之客」毫無準備，原來的工作或休息計劃被打擾，易產生反感
	頻繁拜訪	過於頻繁不僅對客戶日常生活造成干擾，也會使其心理上產生壓力，使其感到厭煩
	發現客戶情緒欠佳，仍不停糾纏，努力推銷	客戶可能正在氣頭上，這時候仍糾纏不休，無疑是往槍口上撞。賣不出產品也就算了，反倒使自己落了一身不是，受莫名其妙的委屈
不注意成交時機	未能抓住商品最適合的季節、節日等時機	推銷冷氣機在入夏時就比入秋時效果好，推銷月餅在中秋過後就少人問津了。許多商品都有時令限制的，一旦錯過就會失去高價、高銷量的市場
	不懂得「反其道而行」，反季推銷	上面是未能抓住市場時機，這裏則是未能抓住客戶的心理時機。對於一些產品來說，忽略反季銷售就會失去一個大市場，因為客戶會認為反季時的產品更便宜
	當客戶透露出購買意向時，不能及時發現並將談話引入交易洽談的內容	客戶已經表示想買了，而營業員卻自顧自地仍然大加宣講、推介，很可能讓這個機會溜走。要知道有些客戶並不十分堅定，購買的想法可能稍縱即逝
	催促客戶訂立成交協定，而不注意這時客戶是否決定要購買	也許客戶根本不想購買，只是出於禮貌而聽介紹，營業員若不注意這種情況就會白費力氣、錯認時機了

2.要細心觀察，捕捉正確時機

無論是拜訪客戶、推銷、還是促成成交階段，時機若把握不好都會為後面的工作埋下隱患。只要營業員平時多留心，仔細觀察並善於總結，就會尋找出一個捕捉、把握正確時機的辦法，如圖 5-3 所示。

圖 5-3　營業員如何把握拜訪客戶的時機

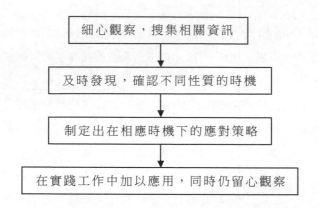

具體到各個不同階段，又有不向的方法。

(1)把握拜訪時機

好的開始是成功的一半。選對了拜訪時機，使雙方都有一個好心情，使營業員在最有利於開展交談的環境中展開工作，無疑事半功倍。

圖 5-4 營業員如何把握拜訪客戶的時機

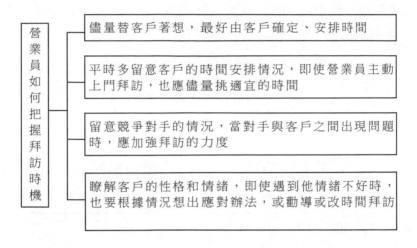

(2)把握推銷時機

俗話說「人誤地一時，地誤人一年」，而推銷若錯過了最佳商機，其損失無疑也是很大的。因此，營業員要學會抓住商機，及時出牌。方法如圖 5-5 所示。

圖 5-5 營業員如何把握推銷時機

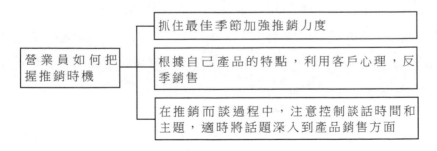

(3)把握成交時機

與推銷時機相比,成交時機更是稍縱即逝的,也更容易使營業員在它面前栽跟頭。所以更要多留心,多注意。方法如圖 5-6 所示。

圖 5-6　營業員如何把握成交時機

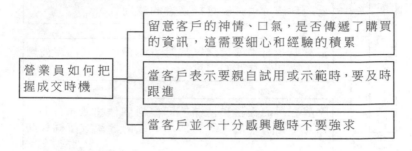

三、過度圓滑虛偽

推銷工作要求迎合客戶的需求和感受,時刻為客戶著想,營業員必須將自己的個性、情緒適當地收斂一下。不少營業員卻覺得與客戶交往時需要偽裝自己,要戴上一副面具,因此,他們對待客戶就不那麼真誠了,做什麼事都有另一番目的,對客戶的稱讚並非出自真心,答應幫客戶的忙也只是客套一下,從沒真正想去做。殊不知,缺乏真誠的交流很容易被對方感覺到你圓滑虛偽,結果肯定達不到預期的推銷效果。

1.營業員圓滑虛偽的表現

營業員若把工作當成一套固定程式來做,每次和客戶相處時都戴上面具,其實已經是虛偽圓滑了。其典型表現如圖 5-7 所示。

圖5-7　營業員圓滑虛偽的表現

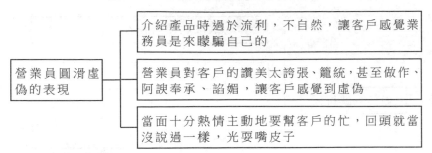

營業員圓滑虛偽的表現	介紹產品時過於流利，不自然，讓客戶感覺業務員是來矇騙自己的
	營業員對客戶的讚美太誇張、籠統，甚至做作、阿諛奉承、諂媚，讓客戶感覺到虛偽
	當面十分熱情主動地要幫客戶的忙，回頭就當沒說過一樣，光耍嘴皮子

2.營業員圓滑虛偽的危害

無論你有多麼伶牙俐齒，如果沒有真誠的態度，那些油腔滑調遲早會被客戶看破。營業員企圖通過這些小手段說個彎彎繞，最終只能是把自己繞進去了。還有很多營業員企圖通過奉承、讚美客戶來和客戶建立聯繫，卻不懂得掌握讚美的技巧和分寸，更不懂得讚美必須是發自真心的，結果一番阿諛奉承使客戶產生反感，得不償失。

與其違心地說那些誰都不相信的話去奉承別人，還不如乾脆不要讚美，直接進入正題。像這樣假惺惺的營業員只會招人厭煩，使客戶對其人格產生懷疑，更不用提合作了。

3.真誠待人

其實，無論是和客戶交往，還是與其他非商業關係的人交往，真誠相待是最好的相處之道。一個油嘴滑舌的虛偽的營業員遠不及一個真誠熱情卻不善表達的營業員更受人歡迎。

營業員大可不必將自己的工作當成人前作戲，而應卸掉偽裝的面具，適當展現真誠的個性，以真心對待客戶。每個人都有溝通、交流的需要，若有人向其敞開心扉，他也會以誠相待的。那麼，營業員如何做到在工作中真誠待人？如圖5-8所示。

圖 5-8　如何真誠待人

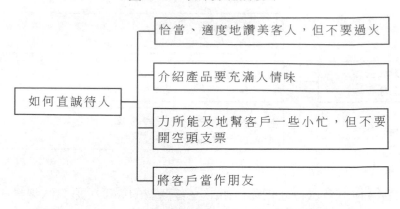

既要符合真實情況，又要出自真心，因此要注意圖 5-9 所示的幾個方面：

圖 5-9　如何真誠地讚美別人

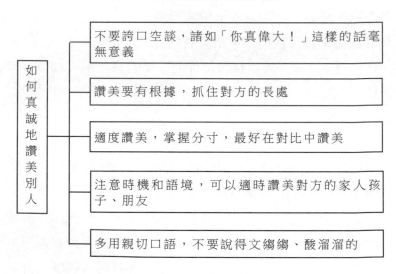

真誠是一個人最珍貴的品質。真誠的讚美不僅使對方感到舒服貼心，也會使營業員感到輕鬆愉悅，而不像虛偽的奉承那樣使自己都感

到痛苦、壓抑。營業員可以用真誠攻克人與人之間的堡壘，創造和諧的人際關係。

四、不守時

時間對每個人來說都是寶貴的，不守時無疑會讓人萬分惱火。想想看：你匆匆趕到醫院或診所，某位事先約好的醫生卻讓你等了足足 20 分鐘！也許，為了能在約定時間前趕到這裏，你乘坐一輛計程車或自己駕車以接近自殺的速度趕來，結果卻是為了花 20 分鐘的時間在這兒等待！這不是很惱人嗎？可以想像，客戶為了見營業員將一切工作都暫且擱下來，結果卻要花這些寶貴的時間來等一個遲到的人，他心情怎麼會好？洽談怎會順利進行？不守時的情況經常在營業員中出現，這是成功的一大障礙。

1. 營業員不守時的危害

很多營業員也許注意在平時抓緊一點一滴的時間來工作，卻對客戶的時間不加珍惜，常讓客戶等候自己。這樣對客戶的時間造成了極大的浪費，對營業員自己也沒有什麼好處。如圖 5-10 所示。

和不守時的人共事是件很頭疼的事。試想你是客戶，每次約見你的營業員總是遲到，或是訂單中的產品不能按時交貨，自己生氣事小，工作被耽誤了事大。作為營業員自己，當然也不喜歡每次見面就先虧了理，抱歉解釋一通，看別人臉色。所以說，不守時的營業員既害人又害己，必須力戒不守時的壞習慣。

圖 5-10　營業員不守時的危害

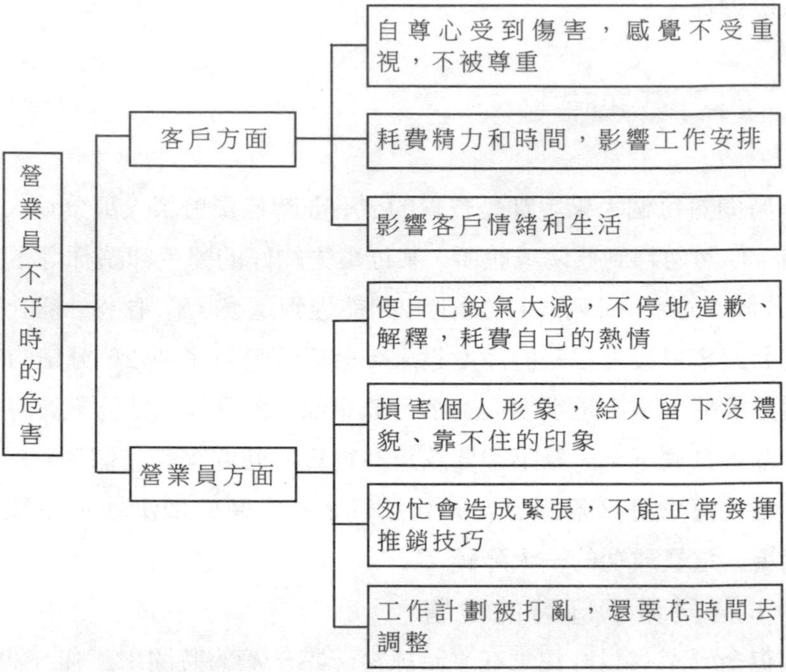

```
                              ┌─────────────────────────┐
                              │ 自尊心受到傷害，感覺不受重 │
                              │ 視，不被尊重              │
                    ┌──────┐  ├─────────────────────────┤
              ┌─────│客戶方面│──┤ 耗費精力和時間，影響工作安排 │
              │     └──────┘  ├─────────────────────────┤
 ┌──┐         │               │ 影響客戶情緒和生活        │
 │營│         │               └─────────────────────────┘
 │業│         │
 │員│         │               ┌─────────────────────────┐
 │不│         │               │ 使自己銳氣大減，不停地道歉、 │
 │守│─────────┤               │ 解釋，耗費自己的熱情      │
 │時│         │               ├─────────────────────────┤
 │的│         │               │ 損害個人形象，給人留下沒禮 │
 │危│         │  ┌───────┐    │ 貌、靠不住的印象         │
 │害│         └──│營業員方面│───┤                         │
 └──┘            └───────┘    ├─────────────────────────┤
                              │ 匆忙會造成緊張，不能正常發揮 │
                              │ 推銷技巧                 │
                              ├─────────────────────────┤
                              │ 工作計劃被打亂，還要花時間去 │
                              │ 調整                     │
                              └─────────────────────────┘
```

2.營業員應該守時

要改掉不守時的習慣並不難，只要稍加注意，妥當安排，就能克服。營業員的不守時主要表現在見面和送產品及相關資料這兩個階段。

(1)約見應該守時

做到約見守時應注意圖 5-11 所示的幾點。

圖 5-11　如何做到約見守時

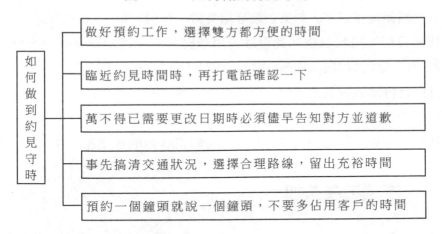

如何做到約見守時
- 做好預約工作，選擇雙方都方便的時間
- 臨近約見時間時，再打電話確認一下
- 萬不得已需要更改日期時必須儘早告知對方並道歉
- 事先搞清交通狀況，選擇合理路線，留出充裕時間
- 預約一個鐘頭就說一個鐘頭，不要多佔用客戶的時間

(2)寄送物品應該守時

營業員總要向客戶寄送一些產品介紹、相關資訊及客戶訂購的產品。

圖 5-12　如何做到寄送物品守時

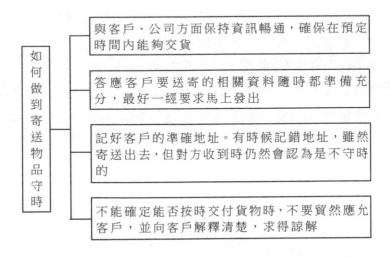

如何做到寄送物品守時
- 與客戶、公司方面保持資訊暢通，確保在預定時間內能夠交貨
- 答應客戶要送寄的相關資料隨時都準備充分，最好一經要求馬上發出
- 記好客戶的準確地址。有時候記錯地址，雖然寄送出去，但對方收到時仍然會認為是不守時的
- 不能確定能否按時交付貨物時，不要貿然應允客戶，並向客戶解釋清楚，求得諒解

　　營業員要做到守時並不需要大刀闊斧地改變自己，只要平時注意一些細節就可以了。營業員最好隨身帶一個備忘錄，隨時記錄或查看相關日程。現代科技如此發達，用商務通或手機記錄日程也十分方便，並可以設置鬧鐘提醒。做到守時是不用費很大精力的。當然也不排除有特殊情況發生。但只要你平時一貫守時，客戶對你的行事作風已很瞭解，即便真是不得不遲到也是可以取得對方諒解的。總之，守時是營業員一種必備的良好品格，會贏得客戶的尊重和信任。

五、丟三落四

　　推銷工作繁雜，需要隨時記住並準備好很多東西，如客戶的基本資料，包括姓名、職務、單位、電話、興趣愛好等；如商品屬性，包括性能、特點、價格、使用方法等；如日程安排，包括同客戶的約見、交易條件等；如其他輔助資料，包括產品說明書、廣告通告單等。如此繁雜的內容需要營業員有足夠的細心、耐心和記憶力，稍一疏忽，在工作中就會丟三落四，影響工作效率。

1. 丟三落四的典型表現和危害

　　在推銷工作中由於疏忽產生的丟三落四情況很常見，由此產生的危害也很嚴重。如表 5-3 所示。

表 5-3　營業員丟三落四的表現和危害

表現	危害
忘記客戶姓名	使客戶產生不受重視的感覺，也使推銷在一開始就陷入尷尬的境地
忘記客戶的聯繫方式，也沒有隨身攜帶名片、通訊錄	不方便隨時與客戶取得聯繫，如在去會見的路上因突發事件需要遲到或延遲會見，卻不能及時通知客戶，去不去赴約形成兩難境地
再拜訪時沒能將客戶上次要求帶的資料帶來	不僅影響洽談的進度，也給人留下不穩重、不可靠的印象
沒能記住已談好的交易條件，下次談時發生出入	讓客戶以為營業員玩弄手段、出爾反爾、不講信譽，失去信任感
沒有帶齊樣品	有時客戶對同一類產品可能不只想購買一種，而可能有多種需求，當客戶想看看相關產品時營業員卻沒帶，這就會失去商機
將公司內部文件遺忘在客戶處	使客戶瞭解到產品成本、銷量等底細，在進行價格商談時使營業員處於不利地位
丟失客戶資料	若丟失客戶訂單、合約則不能順利完成交易；若丟失客戶基本資料則有可能造成客戶個人隱私被洩露，倘被別有用心的競爭對手得到，後果不堪設想

　　某人壽保險公司營業員小陳與一家公司負責人趙先生洽談一筆 500 萬元的保險業務。

　　小陳與趙先生就一些具體細節進行洽談。她告訴趙先生，經過健康檢查，通過審核就可以簽約，並說在附近有她們公司簽約的一家醫院，聯繫好了以後立即通知趙先生。看來一切都已經就緒了。對於這筆生意，小陳充滿信心，她希望在這次推銷業務中做出成績，實現大的突破。

　　小陳很快和醫院聯繫好，並與趙先生約定了見面時間和地點。不巧，到了那天早晨，小陳接到了另一位客戶打來的電話，希望與她就業務情況進行面談。於是，她只好讓趙先生獨自前往醫院體檢。

　　小陳以為萬事俱全。第二天興沖沖地到醫院來取診斷書。誰知，事情卻發生了變化。只聽護士說：「前幾天，有一位小陳打電話來預約時間，但沒有最後確定，後來也沒有再聯繫過。昨天上午有一位趙先生到這兒來，因為事先沒有預約好時間，所以，我們無法安排他體檢，他等了一會兒就走了，不知你要的是不是他的健康診斷書？」

　　小陳一聽頓時懊悔不已，500 萬元的生意泡湯了。正是由於她一個小小的疏忽，沒有與醫院及時聯繫確定具體時間，以致即將成功的交易功虧一簣。這位保險營業員就是對自己的日程安排沒記清楚，忘記跟醫院確認體檢時間。她的丟三落四使她白白失去了一個大客戶。

2.克服丟三落四的毛病

丟三落四是因為沒有引起足夠重視、沒有充分地準備引起的。要克服這個壞習慣,則必須端正態度,並在日常工作中細心、勤奮,提高準確性,提高記憶力,提高辦事能力。具體做法如圖 5-13 所示。

圖 5-13 營業員如何克服丟三落四的毛病

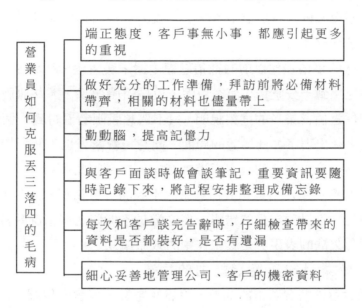

記憶力好壞會因後天的勤奮、技巧和不斷地自我訓練達到一定極致,「勤能補拙」,營業員只要勤動腦、勤動筆就會克服丟三落四的毛病。

六、缺乏應變能力

有一個營業員當著一大群客戶推銷一種鋼化玻璃杯。在他進行完商品說明之後，開始向客戶做商品示範，就是把一隻鋼化玻璃杯扔在地上而不會破碎。可是他不巧拿了一隻品質沒有過關的杯子，猛地一扔，杯子摔碎了。

這樣的事情在他以前的推銷過程中還未發生過，大大出乎他的意料，他也感到十分吃驚。而客戶呢，更是目瞪口呆，因為他們原先已十分相信這個營業員的推銷說明，只不過想親眼看看得到一個證明罷了，結果卻出現了如此尷尬的局面。此時，營業員也不知所措，沒了主意，不到三秒鐘，便有客戶拂袖而去，交易因此遭到慘敗。

營業員在工作中難免會遇到意想不到的突發情況，這些意外情況的出現也許不是營業員的錯誤，但營業員不能將這些情況妥善處理，則是能力欠缺的表現，是其工作中的致命錯誤。

1. 營業員缺乏應變能力的危害

面對意外情況若不能沉著、冷靜地應對，就會出現圖 5-14 所示的危害。

圖 5-14 營業員缺乏應變能力的危害

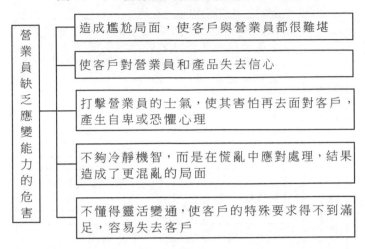

2.營業員應提高應變能力

意外是不可避免的,營業員不能祈求幸運女神每天都保佑自己順順利利,關鍵在於營業員要培養、提高自己的應變能力。如圖 5-15所示。

意外不一定是壞事,關鍵看營業員如何處理。其實,當杯子砸碎以後,營業員如果不是流露出慌亂的神情,而是對客戶笑笑,沉著而幽默地說:「你們看,像這樣的杯子我就不會賣給你們。」這樣一來,交易還會在沉默中慘敗嗎?

圖 5-15　營業員如何提高應變能力

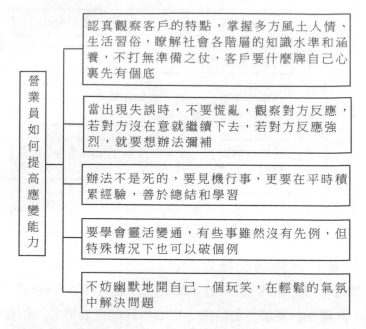

3.推銷中的常見突發事件及應對策略

社會環境千變萬化，營業員因為產品不同、客戶不同，可能面對的突發事件也是千奇百怪。但也有一些典型事件可能每個營業員都會遇到，下面簡列幾項並給出相對的解決辦法，如表 5-4 所示。

面臨突發事件時，營業員首先要做的就是保持冷靜，善於應變。隨機應變的技巧其實沒有什麼定式，主要的原則就是在突發的事情面前沉著處理，避開和化解不利因素，抓住有利因素，使意外事件不影響成交，甚至能促成交易。這樣才能「化腐朽為神奇」，在「山重水複疑無路」時，發現「柳暗花明又一村」。

表 5-4　推銷中的突發事件和應對策略

常見突發事件	應對策略
在交淡中出現沉默	營業員可以將話題引入自己熟悉的領域，及時進行話題轉換
在與客戶面談時接到其他客戶的投訴或退換要求的電話	切不可露出慌亂神情，也不可在電話中詢問或爭論，應將其延緩一下，告知對方自己正忙，改天面談，不能當著其他客戶的面在電話中同意或拒絕退換要求
常見突發事件	應對策略
客戶對營業員的公司表示懷疑、擔憂或輕視	倘若公司沒有任何問題，要用證據表明自己的實力；倘若的確出現了一些問題，營業員首先自己要充滿信心，向客戶解釋現在的問題不嚴重，公司和員工有信心渡過難關，將這種信心傳遞給客戶
客戶向營業員提出一些古怪、刁鑽問題或要求	營業員不一定要迎合每個人，若其要求實在不合理，要委婉拒絕。若尚可做到，只是沒有先例，不妨偶爾破一下例
示範產品時發生意外，未產生預期效果	營業員切不能自己先亂了陣腳，以輕鬆的口氣開個玩笑或自我解嘲一番，不僅使自己逃過一劫，也可以給客戶帶來歡笑。或者冷靜沉著地將這次示範當作一個反面例證
客戶臨時取消會見或中斷合作	想想是不是自己那裏做錯了，發現問題並及時補救。若不是自己的錯，的確是客戶單方面的問題，大可不必怨天尤人，轉向下一輪推銷就是了

七、說話過於直接

營業員推銷時的一個基本原則是誠實守信，不能欺騙客戶。但是，營業員在推銷時一定要「實話實說」嗎？「實話實說」的一個表現就是說話比較直接，而不講究方式方法的「實話實說」也是不會取得好的效果的。

很多營業員就犯有這種錯誤。他們在向客戶推銷時一味地強調誠實、誠信，語氣上過於直率。雖然他們遵守了誠信原則，卻在推銷效果上沒有任何特殊的表現，甚至還可能導致推銷的失敗。

1.營業員說話過於直接的表現

營業員說話過於直接表現在如圖 5-16 所示。

圖 5-16　營業員說話過於直接的表現

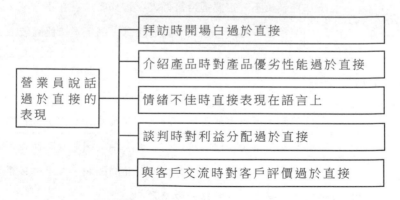

2.營業員說話過於直接的危害

無論什麼事情都需要有個適當的度。低於這個度就不夠火候，達不到要求；高於這個度就過猶不及，也會起到不好的效果。

營業員說話過於直接也是過於誠實，它的危害可想而知。具體如

圖 5-17 所示。

圖 5-17 營業員說話過於直接的危害

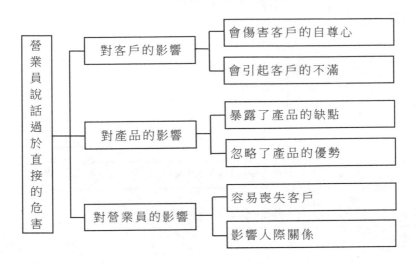

3.營業員要避免說話過於直接

營業員不僅要意識到說話過於直接的危害,還要學會用正確的方法與客戶交談,具體方法如圖 5-18 所示。

其中,使用委婉的語言是最有效的方式。因為在人際交往中,總會有一些讓人們不便、不忍或者語境不允許直說的話題內容,這就需要把「詞鋒」隱遁,或者把「棱角」磨圓一些,使語境軟化,便於聽者接受。許多交際實踐證明,委婉的語言不僅是必需的緩衝劑,也是異常重要的潤滑劑,它直接反映出說話人的形象。

委婉的語言,讓聽者在比較舒坦的氣氛中接受資訊,容易達到預期效果。有人稱委婉是辦事語言中的軟化藝術。委婉法是運用含蓄語言表達本意的方法。其表現方式總共有三種,如表 5-5 所示。

圖 5-18　營業員與客戶的正確交談方式

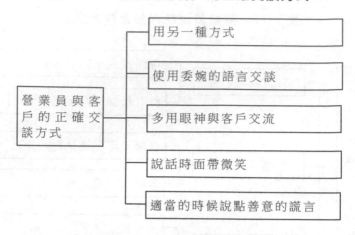

表 5-5　委婉法的種類

種類	具體內容
諱飾式	即用委婉的語言表示不便直說或說出來使人感到難堪的語言。例如在北方，老人去世了，不說死了，而以「老了」諱飾，或以「見佛祖去了」諱飾等
借用式	借用式委婉法是借用一事物或其他事物的特徵來代替對事物實質問題直接回答的方法
曲語式	曲語式委婉法是用曲折含蓄的語言和商洽的語氣表達自己看法的方法。用這樣的方法道出自己的看法避免了矛盾的激化。有時曲語式委婉法比直接表達更有力，這更是一種巧舌勝利劍的方法

　　林先生就是會善用委婉法說話的典型。當他每天面對送到他辦公室的那些冗長、複雜的官樣報告而感到厭倦時，他提出了反對意見。但是他不會用那種平淡的詞句表示反對，而是以一種幾乎不可能被人遺忘的圖畫式的字句說：「當我派一個人去買馬時，

我並不希望這個人告訴我這匹馬的尾巴有多少根,我只希望知道它的特點所在。」這裏,林先生用了一種以甲喻乙又不說明的暗喻,婉轉地表達自己的本意——不願意批閱冗長、複雜、毫無重點的報告,應像買馬人報告馬的特點一樣,抓住重點即可。

4.營業員使用語言委婉的好處

適時地運用委婉語言會對營業員的推銷工作起到潤滑推進作用,有時甚至會產生意想不到的效果。

其好處主要表現在如圖 5-19 所示的幾個方面。

圖 5-19 營業員使用語言委婉的好處

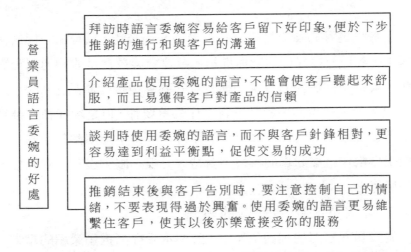

例如下面劉先生的情況就是委婉法應用所收到的良好效果:

劉先生的車已經用了 12 年了。最近有不少營業員向他推銷各式車子,他們總是說:「您的車太破了,開這樣的破車很容易出車禍⋯⋯」或者說:「您這破車三天兩頭就得修理,修理費太多了⋯⋯」但是無論這些營業員怎麼勸說,劉先生卻執意不買。

一天,一位中年營業員向劉先生推銷,他說:「您的車還可以

再用幾年，但是換了新車可能會更安全也更舒服。讓我驚奇的是，一輛車能夠行駛 12 萬公里還能保持這狀態，說明您開車的技術的確高人一籌。」這句話說得劉先生很開心，他覺得營業員說得十分有道理，就接受該營業員的推銷，買了一輛新車。

八、缺乏幽默感

坦率地說，推銷的工作有時非常嚴肅，要求營業員保持幽默感看上去與嚴肅的工作自相矛盾，但是這也是要求營業員保持幽默感的原因。

善於創造拜訪氣氛是優秀營業員的必備技巧，只有在一個愉快的氣氛中，客戶才會好好地聽你推銷。金牌營業員總是能夠運用幽默的言語，營造一種愉快的氣氛，讓客戶在輕鬆中接受產品。

很多營業員也知道幽默感對工作的重要性，但是卻往往在推銷實踐中不會應用。當然有些營業員不懂得在推銷中運用幽默手法，只把推銷工作當作嚴肅認真的事情來對待，一板一眼，沒有一點輕鬆、幽默的感覺。

1. 營業員缺乏幽默感的表現

營業員在實際的推銷工作中，既要承受提高推銷業績的壓力，也要承受身體上的壓力，還有來自家庭、公司等多方面的壓力。因此，營業員在工作中往往忽視了言語的幽默表達。

2. 營業員缺乏幽默感的原因

營業員要成功地完成推銷工作，幽默感是一個非常有用的輔助武器。那麼，營業員為什麼在推銷工作中沒有幽默感或不會恰當運用幽默感呢？具體原因如圖 5-21 所示。

3.營業員要培養幽默感

　　要能在推銷行業中不斷進步，有所發展，營業員不僅要有學習和運用推銷技巧和豐富的推銷經驗，良好的幽默感也是不可缺少的要件，因此，營業員要充分認識到幽默感的重要性。

圖 5-20　營業員缺乏幽默感的表現

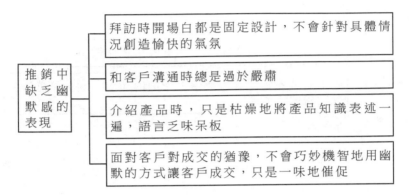

圖 5-21　營業員缺乏幽默感的原因

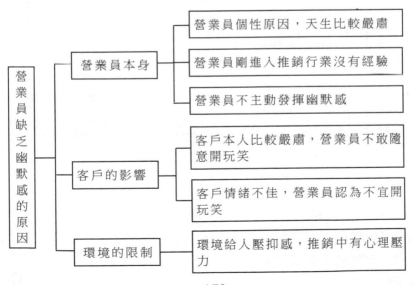

圖 5-22　營業員幽默感的重要性

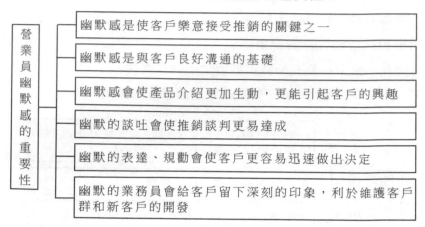

營
業
員
幽
默
感
的
重
要
性

- 幽默感是使客戶樂意接受推銷的關鍵之一
- 幽默感是與客戶良好溝通的基礎
- 幽默感會使產品介紹更加生動，更能引起客戶的興趣
- 幽默的談吐會使推銷談判更易達成
- 幽默的表達、規勸會使客戶更容易迅速做出決定
- 幽默的業務員會給客戶留下深刻的印象，利於維護客戶群和新客戶的開發

瞭解到了幽默感的重要性，接下來營業員要學會培養自己的幽默感。具體方法如圖 5-23 所示。

圖 5-23　營業員幽默感的培養

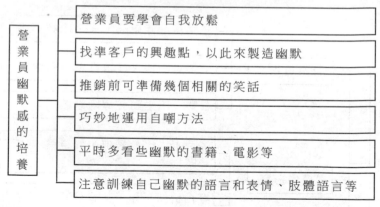

營
業
員
幽
默
感
的
培
養

- 營業員要學會自我放鬆
- 找準客戶的興趣點，以此來製造幽默
- 推銷前可準備幾個相關的笑話
- 巧妙地運用自嘲方法
- 平時多看些幽默的書籍、電影等
- 注意訓練自己幽默的語言和表情、肢體語言等

學會了培養幽默感的方法，下面就是要具體運用了，因為運用才是學習的最終目的。很多成功的營業員就是用幽默感打動客戶並達成交易的，如著名的營業員原一平：

有一天，原一平拜訪一個客戶。

「你好，我是明治保險公司的原一平。」

對方端詳著名片，過了一會兒，才慢條斯理地抬頭說：「幾天前曾來過一名某保險公司的營業員，他還沒講完，我就打發他走了。我是不會投保的，為了不浪費你的時間，我看你還是找其他人吧。」

「謝謝你的關心，你聽完後，如果不滿意的話，我當場切腹。無論如何，請你撥點時間給我吧！」原一平一臉正氣地說。

對方聽了忍不住哈哈大突起來，說：「你真的要切腹嗎？」

「不錯，就這樣一刀刺下去……」原一平邊回答，邊用手比劃著。

「你等著瞧，我非要你切腹不可。」

「來啊，我也害怕切腹，看來我非要用心介紹不可啦。」講到這裏，原一平的表情突然由「正經」變為「鬼臉」，於是，準客戶和原一平一起大笑起來。想方法逗客戶笑，不僅讓客戶感覺輕鬆，也能提升自己的工作熱情。當客戶與營業員同時開懷大笑時陌生感消失了，成交的機會就會來臨。

九、談話表達不力

很多人認為推銷工作就是一個靠語言、靠不停講話來達成目標的工作，營業員就是能說話的人。很多營業員在推銷時不停地介紹產品，不停地催促客戶，但更多的時候他們的介紹是無體系、無條理的，讓客戶不明所以。

1.營業員泛泛而談、表達不力的表現

營業員泛泛而談、表達不力的主要表現如圖 5-24 所示。

下面這位營業員就犯了泛泛而談、表達不力的錯誤：

有位夏先生，自從他在一次意外中不小心用滾熱的開水燙傷自己一歲的女兒後，就無時無刻不在責備自己。每次看到家裏任何一種取暖設備(如電爐、電暖氣等)，他都會產生「萬一我的寶貝女兒被燙傷……」的恐懼心理。為了安全起見，他決定安裝中央暖氣系統。

就在這時有一位營業員來訪，營業員對他說：

「先生，裝設中央暖氣系統舒適安全，只是價格貴了點……」

「價錢貴點倒沒什麼，不知道這種暖氣到底安全到什麼程度？」

「這您放心好了，我們的中央暖氣系統從沒出過事吶，安裝過的客戶對它都非常滿意！我們還負責上門安裝和其他一些服務。」

「這都好說。」夏先生還是不放心。「從來沒用過，不知道用起來到底怎麼樣，會對孩子有益嗎？」他喃喃自語道。

事實上，夏先生所關心的最重要的問題是暖氣的安全性，而不是諸如安裝、價錢、配套服務等等，這些具體問題客戶已經提到了，但粗心的營業員就是沒察覺到這一點，並沒有加以解釋。

圖 5-24 營業員泛泛而談、表達不力的表現

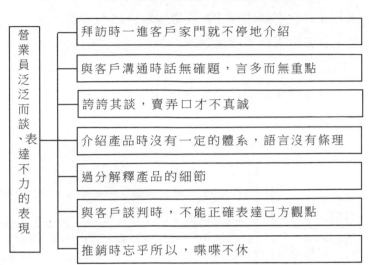

| 營業員泛泛而談、表達不力的表現 |
| 拜訪時一進客戶家門就不停地介紹 |
| 與客戶溝通時話無確題，言多而無重點 |
| 誇誇其談，賣弄口才不真誠 |
| 介紹產品時沒有一定的體系，語言沒有條理 |
| 過分解釋產品的細節 |
| 與客戶談判時，不能正確表達己方觀點 |
| 推銷時忘乎所以，喋喋不休 |

2.營業員泛泛而談、表達不力的危害

條理分明、表達清楚是營業員推銷時的一個基本要求。營業員若在推銷過程中泛泛而談、表達不力，甚至誇誇其談、喋喋不休，勢必會給推銷業績帶來不利影響。如圖 5-25 所示。

圖 5-25 營業員泛泛而談、表達不力的危害

| 營業員泛泛而談、表達不力的危害 |
| 讓客戶產生疑問和反感 |
| 讓客戶感覺不到被尊重 |
| 錯過找到客戶需求的時機 |
| 產品介紹不準確、客戶失去熱情 |
| 推銷時間過長，客戶失去耐心 |
| 留給客戶印象不好，不利於客戶群的維持 |

3.營業員要準確表達自己的意思

營業員和客戶交談過程中,清楚地將自己的意思表達給客戶是十分重要的只有客戶明白了營業員的真實意思,才能在營業員的恰當引導下達成購買決心。

所以,營業員要克服泛泛而談、喋喋不休、表達不清楚的毛病。具體方法如圖 5-26 所示。

圖 5-26 營業員克服泛泛而談、表達不力的方法

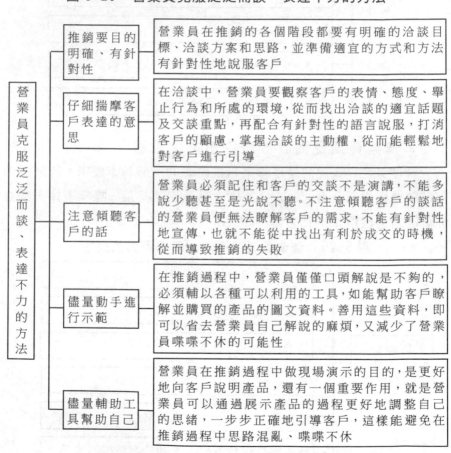

營業員克服泛泛而談、表達不力的方法

推銷要目的明確、有針對性：營業員在推銷的各個階段都要有明確的洽談目標、洽談方案和思路,並準備適宜的方式和方法有針對性地說服客戶

仔細揣摩客戶表達的意思：在洽談中,營業員要觀察客戶的表情、態度、舉止行為和所處的環境,從而找出洽談的適宜話題及交談重點,再配合有針對性的語言說服,打消客戶的顧慮,掌握洽談的主動權,從而能輕鬆地對客戶進行引導

注意傾聽客戶的話：營業員必須記住和客戶的交談不是演講,不能多說少聽甚至是光說不聽。不注意傾聽客戶的談話的營業員便無法瞭解客戶的需求,不能有針對性地宣傳,也就不能從中找出有利於成交的時機,從而導致推銷的失敗

儘量動手進行示範：在推銷過程中,營業員僅僅口頭解說是不夠的,必須輔以各種可以利用的工具,如能幫助客戶瞭解並購買的產品的圖文資料。善用這些資料,即可以省去營業員自己解說的麻煩,又減少了營業員喋喋不休的可能性

儘量輔助工具幫助自己：營業員在推銷過程中做現場演示的目的,是更好地向客戶說明產品,還有一個重要作用,就是營業員可以通過展示產品的過程更好地調整自己的思緒,一步步正確地引導客戶,這樣能避免在推銷過程中思路混亂、喋喋不休

營業員要學會正確表達自己的意思。具體方法如圖 5-27 所示。

圖 5-27　營業員正確表達自己意思的方法

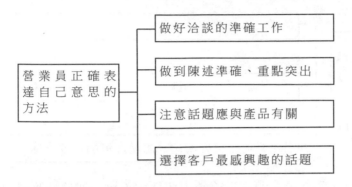

其中，做好洽談的準備工作主要有以下幾個方面，如圖 5-28 所示。

圖 5-28　做好洽談的準備工作

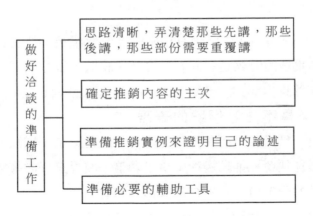

另外，陳述準確、重點突出的主要內容如圖 5-29 所示。

圖 5-29　營業員陳述準確、重點突出的內容

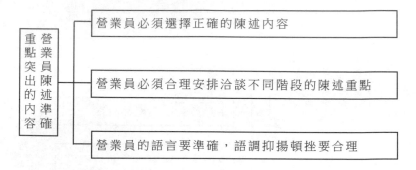

總之，營業員在和客戶洽談中要抓住重點，準確地將自己的意思傳達給客戶，才能和客戶更好地溝通，進而達到推銷的目的。

十、不注意傾聽客戶的用意

在實際的推銷工作中，仍有相當一部份營業員不注重對這方面的重視，他們更多的時候是在向客戶介紹、說服，很少去靜下來傾聽客戶的想法和意見。

1. 營業員不注意傾聽的表現

傾聽是一門藝術，而在推銷行業中，傾聽更是一門技巧。懂得傾聽的營業員往往會在推銷過程中事半功倍，取得良好的推銷後果，而不懂得傾聽的營業員，其推銷業績卻不如意。

營業員不注意傾聽主要有以下幾方面的表現，如圖 5-30 所示。

圖 5-30 營業員不注意傾聽的表現

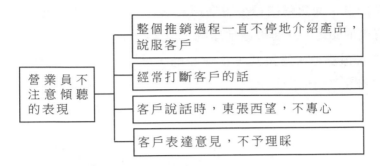

2.營業員如何進行有效地傾聽

營業員在與客戶面對面談判時善於傾聽,是談判者所必須具備的一種修養和能力。但傾聽不應是一種被動行為,有效的傾聽需要一些基本技巧。如圖 5-31 所示,列出了營業員進行有效傾聽的技巧。

圖 5-31 營業員進行有效傾聽的技巧

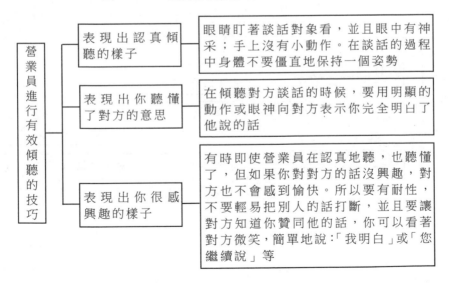

　　專注傾聽是最基本也是最重要的技巧。古訓有云：人不精則雜，心不精則散。而對營業員來說在傾聽客戶說話時「聽不精則敗」。因此，有效地傾聽，就要專注地傾聽，以全身心的投入來聽取客戶的陳述意見或想法等。要做到專注地傾聽，就要避免以下幾種情況的出現，如圖 5-32 所示。

圖 5-32　營業員傾聽時的禁忌

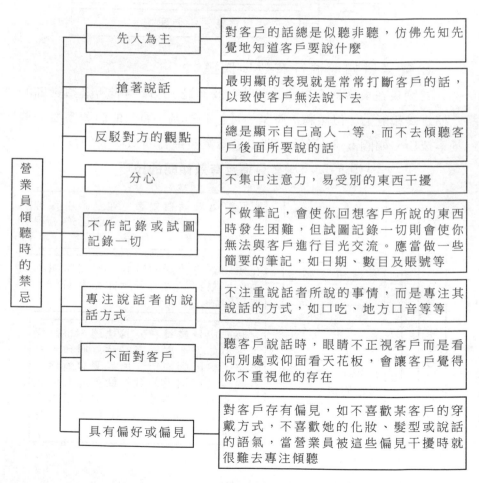

3.營業員傾聽時的注意事項

傾聽是一種藝術，一種心智和情緒技巧，要做到真正有效地傾聽，要注意一些細節上的具體事項。如圖 5-33 所示。

圖 5-33　營業員傾聽時注意的事項

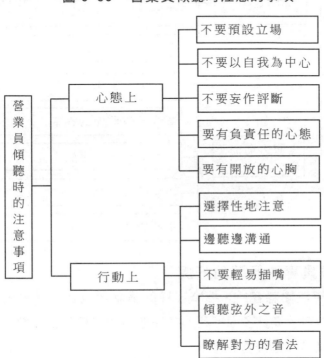

另外，在營業員的傾聽過程中，可能會有一些干擾和影響因素，使其不能專心致志地傾聽。營業員要儘量克服這些干擾，做一個專心的傾聽者。營業員傾聽時的干擾因素包括客觀方面、主觀方面，詳見圖 5-34 所示。

圖 5-34　營業員傾聽時的干擾因素

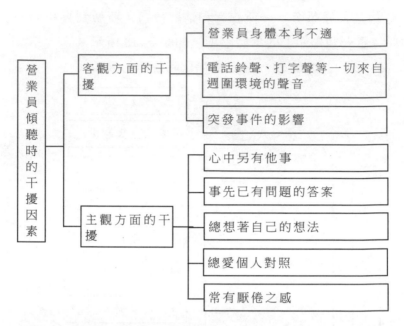

4.營業員專注傾聽的好處

營業員專注傾聽客戶、揣摩客戶的講話，也是一種對客戶的恭維。無論情勢對營業員多麼不利，好好地傾聽客戶的說話準沒錯。很多成功的營業員都是優秀的聽眾。

具體分析營業員專注傾聽的好處有以下幾個方面，如圖 5-35 所示。

總之，營業員不只是當個演說者，還要扮演聽眾的角色，並且要抓住一切機會來做個專注認真的聽眾。唯有兩者兼顧，才能成為一流的營業員。

圖 5-35　營業員專注傾聽的好處

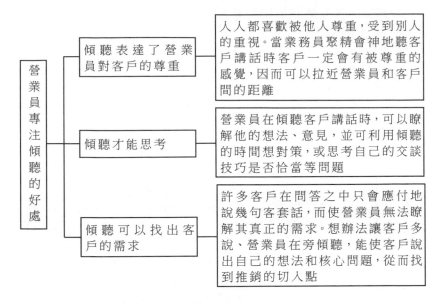

十一、談話措辭選擇不當

　　營業員在向客戶推銷時，不單是向客戶介紹產品，而是要盡可能地與客戶溝通，引起客戶對產品的興趣，這樣才能達到推銷的目的。營業員在與客戶溝通時，措詞和話題的選擇是否恰當，也會對營業員的銷售產生一定的影響。如果營業員選擇的話題、措辭都是積極樂觀的，會給客戶以積極向上的感覺。如果營業員總是採用消極的措辭，或選擇不恰當的話題，自然會讓客戶感覺到不舒服，引不起客戶的興趣，最後影響成交。

　　營業員要避免在與客戶溝通時選擇不恰當的措辭，就要在平時的鍛鍊中積累經驗、總結教訓，從而掌握找出適當的話題和恰當措辭的技巧和方法。

1. 營業員措辭和話題選擇不當的表現

　　一般來講，營業員在措辭和話題選擇上容易出現以下幾個方面的錯誤，如圖 5-36 所示。

圖 5-36　營業員措辭和話題選擇不當的表現

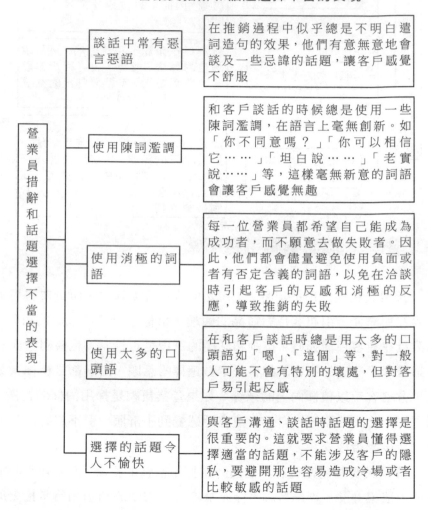

營業員措辭和話題選擇不當的表現	談話中常有惡言惡語	在推銷過程中似乎總是不明白遣詞造句的效果，他們有意無意地會談及一些忌諱的話題，讓客戶感覺不舒服
	使用陳詞濫調	和客戶談話的時候總是使用一些陳詞濫調，在語言上毫無創新。如「你不同意嗎？」「你可以相信它……」「坦白說……」「老實說……」等，這樣毫無新意的詞語會讓客戶感覺無趣
	使用消極的詞語	每一位營業員都希望自己能成為成功者，而不願意去做失敗者。因此，他們都會儘量避免使用負面或者有否定含義的詞語，以免在洽談時引起客戶的反感和消極的反應，導致推銷的失敗
	使用太多的口頭語	在和客戶談話時總是用太多的口頭語如「嗯」、「這個」等，對一般人可能不會有特別的壞處，但對客戶易引起反感
	選擇的話題令人不愉快	與客戶溝通、談話時話題的選擇是很重要的。這就要求營業員懂得選擇適當的話題，不能涉及客戶的隱私，要避開那些容易造成冷場或者比較敏感的話題

例如下面這位營業員就犯了措辭不當的錯誤：

「王經理您好，我是 XX 管理控制公司，我們公司的主要業務是為用戶提供一整套開源節流的推薦計劃。」

「有什麼事嗎？」

「我們願意對你們公司目前的庫存狀況作一個調查，並告訴你們如何運用我們的『排列控制管理』的方法來盤活你們庫存資金的 10%。」

「哦，是這樣。」

「但是，在您得到這項服務之前，我們要收取 150 元的預付金，可是從給你們帶來的效益上說，可不是用幾個 150 元可以計算的。」

「你說的這件事目前我們還不感興趣，再見。」

這位營業員對剛認識的客戶講話過於唐突，這會給客戶留下這樣的印象：營業員把客戶當成了智力貧乏者，客戶的經營管理不善而必須要營業員來指點，這會讓客戶有受辱的感覺。

2.營業員如何選擇話題

寫文章，有了個好題目，往往會文思泉湧，一揮而就。而營業員與客戶交談。有了好話題，就能使談話自如。好話題的標準是至少有一方熟悉；能使大家感興趣、愛談；有展開探討的餘地、好談。那麼，怎麼找到好話題呢？要從如下幾個方面著手。

(1)面對眾多客戶時，要選擇眾人關心的事情為話題，把話題對準大家的興奮中心；

(2)巧妙地借用彼時、彼人的某些材料為題，借此引發交談；

(3)與陌生人交談，先提一些「投石」式的問題，在略有瞭解後再有目的地交談，便能談得自如；

(4)禮貌性地詢問陌生客戶興趣，循趣發問，能順利進入話題；

(5)必須在縮短與客戶的距離上下工夫，力求短時間內瞭解得多一些，縮短彼此的距離，在感情上融洽起來。

3.營業員選擇恰當措辭與話題的好處

營業員幾乎每天要面對客戶，因此，必須學會較短時間內與客戶打成一片，否則即使自己擁有十分充實的專業知識，也無法很快地與客戶融合在一起，在客戶眼裏你不過是個缺乏溝通的「悶葫蘆」。因此，選擇恰當的措辭與話題對營業員與客戶之間的溝通是十分有益的。選擇恰當措辭與話題容易引起客戶的興趣，容易營造愉快的氣氛，能在短時間內拉近雙方的距離，縮短推銷時間，從而提高推銷的成功率。

營業員適宜選擇的話題，如圖 5-37 所示。

圖 5-37　營業員適宜選擇的話題

```
                    ┌─ 公司、經濟、工作
營                  │
業                  ├─ 氣候、季節
員                  │
多                  ├─ 時裝、住房、健康、家常
實                  │
踐 ─────────────────┤
的                  ├─ 電視、電影、戲劇
重                  │
要                  ├─ 節假日、紀念日
性                  │
                    └─ 新聞、人性、旅行、食物、傳說、傳統
```

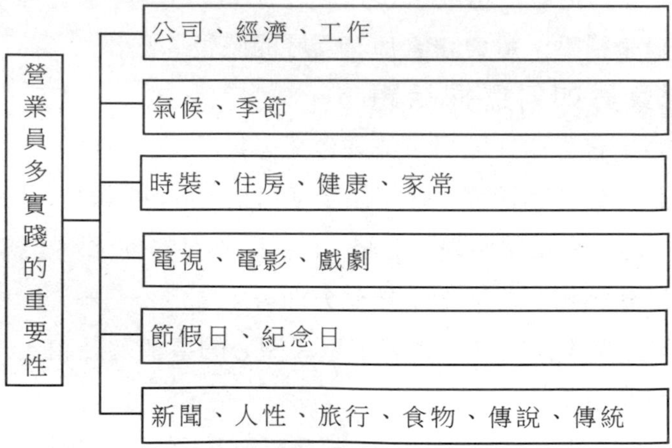

那些話題是業務盡量避免且不宜討論的，如圖 5-38 所示。

圖 5-38 營業員不可討論的話題

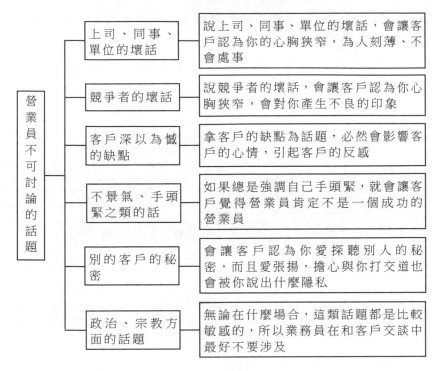

十二、無法應對客戶的拒絕藉口

營業員之所以是一個充滿挑戰、艱苦的工作，其主要原因就是要面對客戶各種各樣的拒絕。客戶的拒絕方式有很多種，其最常見的方式就是找尋各種藉口。

營業員要應對客戶的拒絕，首先就要應對各種各樣的抱怨藉口。這是需要技巧和經驗的，很多營業員就是不應對客戶拒絕的藉口，而使自己的推銷工作停滯不前、毫無進展。

1. 營業員不會應對拒絕藉口的表現

營業員不會應對拒絕藉口,最主要的問題是應對拒絕藉口時語言不當,引起了客戶的反感和不滿,從而失去了推銷的機會,其主要表現如圖 5-39 所示。

圖 5-39　營業員應對拒絕藉口語言不當的表現

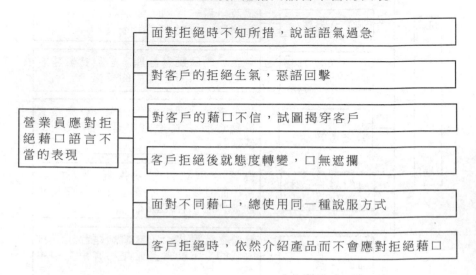

2. 營業員常見的拒絕藉口

營業員每天都要接觸很多客戶,當然也會面對各種各樣的藉口拒絕。雖然客戶的年齡、職業、性格、性別都不相同,但是基本上會有很多拒絕藉口是相似的。總結起來,營業員常見的拒絕藉口如表 5-6 所示。

表 5-6　營業員常見的拒絕藉口

藉口	拒絕原因
我不需要	客戶「不需要」的藉口通常出現在兩個階段：營業員接近客戶的階段；營業員和客戶的商談過程中
我現在沒錢	營業員經常會遇到這種拒絕藉口，而以這種借口當作拒絕理由的客戶可分為兩種：一種是真正沒錢；另一種是推託之辭
我不能做主	這是有關決策權的拒絕理由，通常也會使營業員很難將推銷進行下去
我不著急	這類客戶告訴營業員「不急」，其實是他沒有下定決心購買，如果客戶有決心自然會購買
我心裏沒底	客戶提出這樣的拒絕理由時，實質上是向營業員尋求幫助，客戶需要營業員的一些幫助以鼓勵其做出決策
我要考慮一下	這是客戶結束推銷訪問的一種巧妙方法，它可能是客戶為了避免直接說「不」而提出
別家比較便宜	價格是客戶關注產品的一個重要方面，也是客戶拒絕營業員的一個有力藉口
我要向朋友買	這種拒絕藉口可能是因為客戶確實有朋友在賣此類產品，也可能是因為他對你的產品不感興趣
我想比較一下	表明客戶已經對商品動心了，他想購買，但還想暸解一下這種商品總的市場情況
我只是隨便看看	表明客戶已動心了，但還是不能確定是否該購買
我最討厭那家廠商	客戶提出這樣的理由，多是出於誤會，或是故意妄下斷語
我覺得新產品不可靠	這表明客戶對新產品抱有警戒心理，這也是很多客戶在面對新產品時所持有的一種心理
我剛從那裏訂了貨	這是那類對營業員推銷的產品不信任而拒絕的常見藉口
我多年來一直同 XX 做生意	以這種藉口拒絕營業員的客戶其實是明白地告訴營業員「我想買，但我不能背棄 XX」，同時也是客戶考驗營業員的一個方法

3.營業員：如何應對常見藉口

(1)應對藉口時的禁忌

客戶的拒絕是對營業員的最大考驗，此時的營業員切記要鎮定、冷靜、不要犯了如圖 5-40 所示的錯誤。

圖 5-40　營業員應對藉口的禁忌

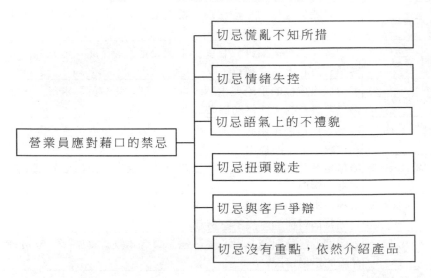

- 切忌慌亂不知所措
- 切忌情緒失控
- 切忌語氣上的不禮貌
- 切忌扭頭就走
- 切忌與客戶爭辯
- 切忌沒有重點，依然介紹產品

（營業員應對藉口的禁忌）

(2)如何應對常見藉口

常見的藉口是客戶面對推銷時的常見拒絕推銷心理的體現。營業員應對這些藉口，首先要揣摩藉口背後客戶的真正心理活動，從而找到應對的策略。

例如，營業員小徐在向一位家庭婦女推銷《百科全書》：一開始，小徐就向客戶介紹了這本書的結構以及它對孩子在學習上的幫助，女客戶對這本書也很滿意，但還是表現出一定的猶豫。

「您還有什麼不滿意的嗎？」

「嗯，我做不了主，我先生不在家，而且他對什麼事都很囉

嗦的。」

「囉嗦也是應該的嘛！賺錢很辛苦的，當然要精打細算。但是太太，買這本書是智力投資，可不是浪費錢！」

「可是……！」

「您說您先生很囉嗦，那麼您花 10 元錢買物品，先生會不會說是浪費？」

「這怎麼會呢？」

「若是 30 元的物品呢？要不要打個電話徵求先生的意見。」

「哈哈，這種小事……」

「不用，對不對？就這樣說吧！一天 10 元，買個玩具啦、果汁啦就沒啦！可是積少成多，一個月下來就有 300 元，而這本書才 300 元。您先生很愛孩子吧？」

「是啊！」

「買這本書完全是為小孩子好，先生怎麼會怪您呢？或許他在口頭上會埋怨您，心中還會感謝您為小孩設想得這麼週到呢！男人嘛，往往都這樣，嘴巴上講的和心裏面想的都不一樣。」

「真的啊？呵呵，那我就買一本吧，他應該不會生氣的。」

從上面的例子中可以看出，營業員在處理顧客的藉口時就掌握了一定的方法和技巧。營業員處理藉口的技巧綜合起來大致有如圖5-41所示的幾個方面。

圖 5-41　營業員處理藉口的技巧

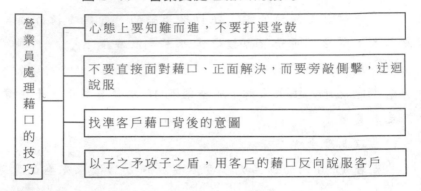

營業員處理藉口的技巧
- 心態上要知難而進，不要打退堂鼓
- 不要直接面對藉口、正面解決，而要旁敲側擊，迂迴說服
- 找準客戶藉口背後的意圖
- 以子之矛攻子之盾，用客戶的藉口反向說服客戶

十三、營業員肢體語言不恰當

　　儀表與裝束是營業員給客戶的第一印象，而營業員的行為舉止則是營業員推銷過程中給客戶的整體個人印象的重要方面。營業員在推銷過程中是否有恰當的肢體語言，決定了推銷工作是否順利。

　　恰當的肢體語言不僅能更好地向客戶傳遞資訊，而且還能更好地輔助營業員說服客戶。然而，很多營業員在推銷過程中總是不時地出現不適宜的肢體語言，給客戶留下不好的印象，影響了推銷效果。

　　1. 營業員肢體語言不恰當的表現

　　(1)不正確的手勢

　　在現實生活中，手勢是人們交往中最常用、最基本的肢體語言，也是變化最多、傳情達意最豐富、作用最大的表達方式。營業員不正確的手勢，會給客戶傳達消極的資訊。營業員不正確的手勢主要表現為以下幾個方面。如圖 5-42 所示。

圖 5-42　營業員不正確的手勢

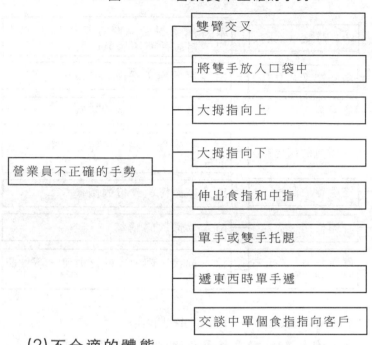

(2)不合適的體態

　　體態是指人的身體姿態，包括站姿、行姿、坐姿等，如「站如松，坐如鐘，臥如弓，行如風」。成功的交際者不但需要理解他人的有聲語言，更重要的是能夠觀察他人的無聲信號，並且能在不同場合正確使用這種信號。

　　營業員經常會在站姿、行姿、坐姿這三個方面出現不恰當的表現方式。站姿不正確的表現如圖 5-43 所示。

圖 5-43　營業員不正確的站姿表現

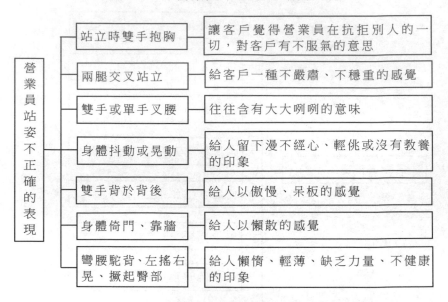

	站立時雙手抱胸	讓客戶覺得營業員在抗拒別人的一切，對客戶有不服氣的意思
營業員站姿不正確的表現	兩腿交叉站立	給客戶一種不嚴肅、不穩重的感覺
	雙手或單手叉腰	往往含有大大咧咧的意味
	身體抖動或晃動	給人留下漫不經心、輕佻或沒有教養的印象
	雙手背於背後	給人以傲慢、呆板的感覺
	身體倚門、靠牆	給人以懶散的感覺
	彎腰駝背、左搖右晃、撅起臀部	給人懶惰、輕薄、缺乏力量、不健康的印象

營業員不正確的走姿表現如圖 5-44 所示。

圖 5-44　營業員不正確的走姿表現

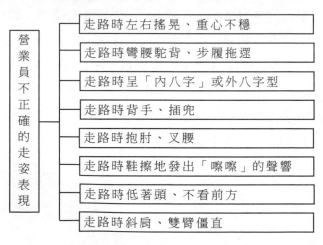

營業員不正確的走姿表現	走路時左右搖晃、重心不穩
	走路時彎腰駝背、步履拖遝
	走路時呈「內八字」或外八字型
	走路時背手、插兜
	走路時抱肘、叉腰
	走路時鞋擦地發出「嚓嚓」的聲響
	走路時低著頭、不看前方
	走路時斜肩、雙臂僵直

營業員坐姿不正確的表現如圖 5-45 所示。

圖 5-45　營業員不正確的坐姿表現

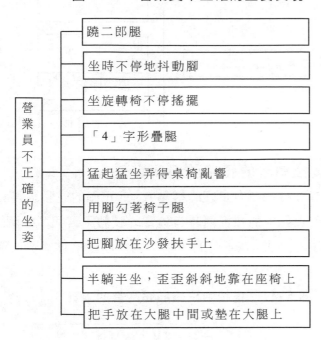

營業員不正確的坐姿

- 蹺二郎腿
- 坐時不停地抖動腳
- 坐旋轉椅不停搖擺
- 「4」字形疊腿
- 猛起猛坐弄得桌椅亂響
- 用腳勾著椅子腿
- 把腳放在沙發扶手上
- 半躺半坐，歪歪斜斜地靠在座椅上
- 把手放在大腿中間或墊在大腿上

(3)令人反感的眼神

人們常說，眼睛是心靈的窗戶，因此，營業員眼睛裏表達的資訊也會對其銷售產生影響。營業員能否博得客戶好感，眼神可以起一定的作用。

營業員在推銷產品時要避免出現下列幾種遭人反感的一些不當眼神，如圖 5-46 所示。

圖 5-46　營業員令人反感的眼神

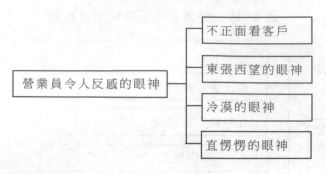

2.營業員推銷時的正確肢體語言

要使營業員在推銷時有良好的推銷效果,正確的肢體語言必不可少。那麼,營業員如何能在推銷時有恰當的肢體語言呢?如圖 5-47所示列出了具體的方法。在平時的生活中就要注重培養學習正確的肢體語言。

圖 5-47　推銷中正確肢體語言的培養

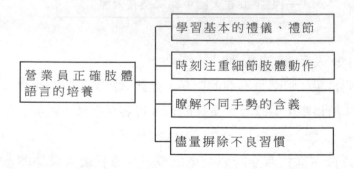

其中，瞭解不同手勢含義主要有以下幾種，如圖 5-48 所示。

圖 5-48　不同手勢在不同國家的含義

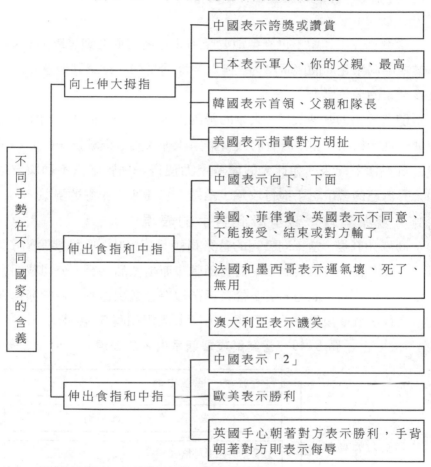

十四、攻擊競爭廠商對手

營業員在工作中不可避免地要受到來自各方面的競爭壓力，包括企業內部同事之間的競爭壓力，但更多地還是同一行業其他企業的營業員帶來的競爭壓力。

隨著經濟的飛速發展，大量的勞動力湧入城市，也湧入門檻相對較低的推銷行業，加之原有的大量推銷工作人員，推銷這一行的競爭變得日益激烈起來。如此大的競爭壓力使得一些營業員不顧職業道德，對自己的競爭對手進行攻擊，給這一行帶來了不好的風氣。

1. 營業員攻擊競爭廠商對手的表現

商場如戰場，當不同公司的營業員短兵相接時，戰爭就開始了。但是，這場戰爭中的武器不是刀槍劍戟，而是產品品質、公司號召力以及營業員的個人能力。很多營業員卻沒有意識到這點，企圖通過在推銷過程中攻擊競爭對手來戰勝對方。其表現如圖 5-49 所示。

圖 5-49　營業員攻擊競爭對手的表現

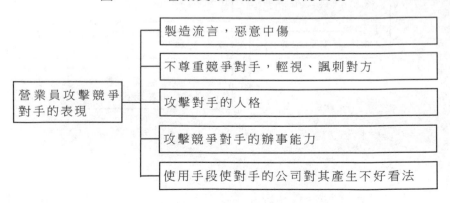

2.營業員攻擊競爭廠商對手的危害

營業員不是懷著公平競爭的心態與對手展開競爭,而一味採取不入流的手段去攻擊競爭對手,這樣必然會對對手的工作生活產生很大干擾,減弱其競爭力,而對於營業員自己,也未嘗不是一種危害。營業員攻擊競爭對手的危害如圖 5-50 所示。

圖 5-50　營業員攻擊競爭對手的危害

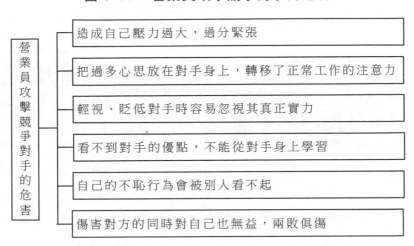

甚至有時候攻擊競爭對手會適得其反。營業員在說對手如何如何不好時,恰是為對方做了廣告,將客戶的好奇心和興趣轉移到了對手身上。

一位採購員講過這樣一件事,充分說明了營業員攻擊競爭對手會造成什麼樣的災難性後果:

「我在市場上招標,要購入一大批包裝箱。收到兩項投標,一項來自曾與我做過不少生意的公司。該公司的營業員找上門來,問我還有那家公司投標。我告訴了他,但沒有暴露價格秘密。

他馬上說:『噢,是啊,他們的營業員吉姆確實是個好人,但

他能按照您的要求發貨嗎？他們工廠小，我對他的發貨能力說不清楚。他能滿足您的要求嗎？您要知道，他對他們要裝運的產品也缺乏起碼的瞭解……』

我應該承認，這種攻擊還算相當溫和的，但它畢竟還是攻擊。結果怎樣？我對聽的這些話產生了一種強烈的好奇心，想去吉姆的工廠看看，並和吉姆聊聊，於是前去考察。最後吉姆獲得了訂單，合約履行得也很出色。』

這個簡單的例子說明，一個營業員也可以為競爭對手賣東西，因為他對別人進行了攻擊，客戶在好奇心的驅使下產生了親自前去考察的念頭。最後，造成了令攻擊者大失所望的結局。

3.與對手公平競爭

毫不顧及職業道德的互相攻擊，最終只能是兩敗俱傷。商業時代雖然競爭激烈，但競爭絕不可不擇手段。公平、公正的競爭才是健康、良性的競爭模式。

營業員要樹立公平競爭的意識，嚴守職業道德規範，不斷在競爭中促進自己的發展，這才能使自己立於不敗之地。具體做法如圖 5-51所示。

圖 5-51　營業員與對手公平競爭的方法

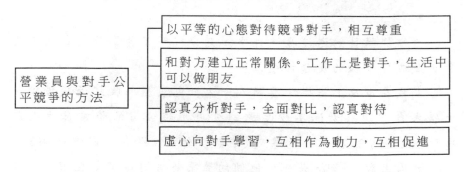

十五、用不正當手段爭奪客戶資源

　　拜訪客戶是營業員每天的例行工作之一，是一項在體力和腦力上都十分艱苦的工作，營業員每天必須保證拜訪一定數量的客戶，其最大目的是積累客戶資源。

　　客戶資源對於營業員來說是非常重要的，它是營業員銷售業績的基礎。在如今競爭異常激烈的推銷行業中，客戶的資源是有限的。對於營業員來說，客戶資源的獲得不完全取決於業務能力，還要靠時間來積累，營業員要自己不斷努力，不斷積累才能獲得一定數量的客戶資源，才能支撐自己的銷售業績。

　　然而，很多新營業員和業績不好的營業員為了獲取客戶資源卻往往採取不正當的手段，例如：

1.營業員用不正當手段爭奪客戶資源的表現

　　如圖 5-52 所示是營業員用不正當手段爭奪客戶資源的具體表現。

圖 5-52　營業員用不正當手段爭奪客戶資源的表現

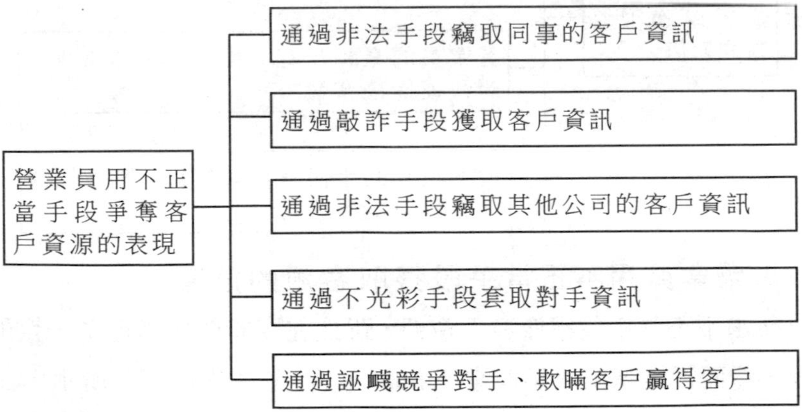

其中,非法竊取同事或其他公司的客戶資源是法律所不允許的,也是營業員從業規範所禁止的。其主要手段有如圖 5-53 所示的幾個方面。

圖 5-53　營業員非法竊取客戶資源的手段

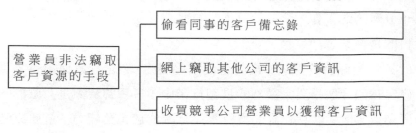

2.營業員用不正當手段爭奪客戶資源的原因

營業員採取不正當手段獲取客戶資源的原因多種多樣,歸納起來可有如圖 5-54 所示的幾個方面。

圖 5-54　營業員用不正當手段獲取客源的原因

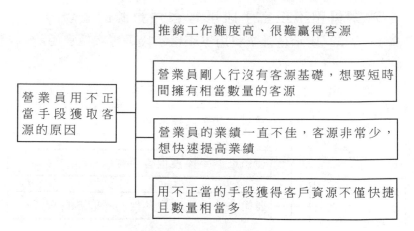

3.營業員用不正當手段獲取客源的危害

通過不正當手段獲取客戶資源,雖然在短時間內獲得了一定的客戶量,然而從長遠來看是非常不利的,其危害如圖 5-55 所示。

圖 5-55　營業員用不正當手段獲取客源的危害

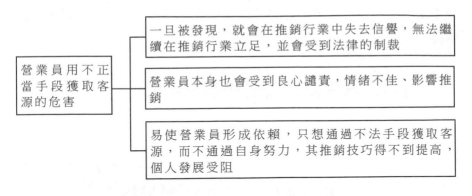

4.營業員怎樣正確獲取客戶資訊

營業員竭盡全力獲取盡可能多的客戶資訊是非常正確的,然而前提是採用正常的競爭手段。

那麼營業員應採用那些正當的競爭手段來獲取客戶資訊呢?具體方法如圖 5-56 所示。

圖 5-56　營業員獲取客戶資訊的正確方法

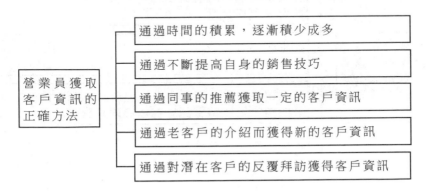

總之,無論是新入行的推銷新手,還是業績不好的營業員,要提高自己的推銷業績,只有踏踏實實地工作,把心思放在和自己競爭、

超越自己的現時業績上，不斷地總結經驗教訓提高自己的推銷技巧，而不是不勞而獲，以非正當的手段獲取客戶資訊。這樣才利於個人的發展，才利於推銷事業的發展。

十六、洩露公司機密或客戶隱私

營業員在自己的職業生涯中，也許會換幾個公司。營業員擁有一整套自己所在公司的背景資料以及公司機密資訊，擁有客戶群體架構網路的各個組成部份的系統資訊，以及客戶個人隱私資訊。

1.洩露公司機密和客戶的隱私

有些營業員經常會不經意地在推銷過程中，把公司的機密乃至客戶的隱私隨口說出來。這些營業員在推銷過程中洩露公司的機密與客戶的隱私的具體表現如圖 5-57 所示。

圖 5-57　在推銷時洩露公司機密和客戶個人隱私的具體表現

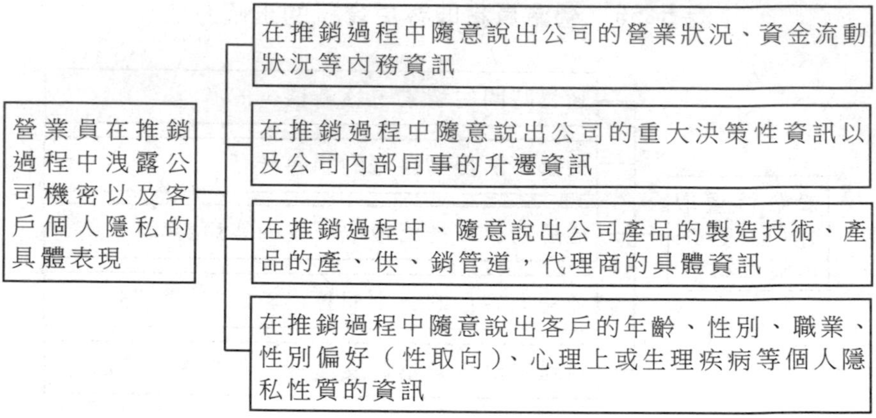

2.營業員在推銷過程中洩露公司機密與客戶隱私的危害

營業員在推銷過程中隨意洩露公司機密和客戶隱私會帶來眾多的危害。具體如圖 5-58 所示。

圖 5-58　營業員在推銷時洩露公司機密與客戶隱私的危害

營業員在推銷過程中洩露公司機密與客戶隱私的危害

- 在推銷過程中隨意說出公司的營業狀況和資金流動狀況，會被其他公司利用，來同自己公司進行惡性爭奪
- 在推銷過程中隨意說出公司的重大決策性資訊以及公司內部同事資訊會讓其他公司效仿或者剽竊
- 在推銷過程中隨意說出公司產品的機密，會讓自己公司的產品被其他公司所模仿或超越
- 在推銷過程中隨意洩露客戶方面隱私，會給客戶帶來極大苦惱，導致客戶反感、憤怒，最終中止合約公司的來往與交易，從而流失客戶，甚至客戶因為人格尊嚴受到侵害，將營業員告上法庭

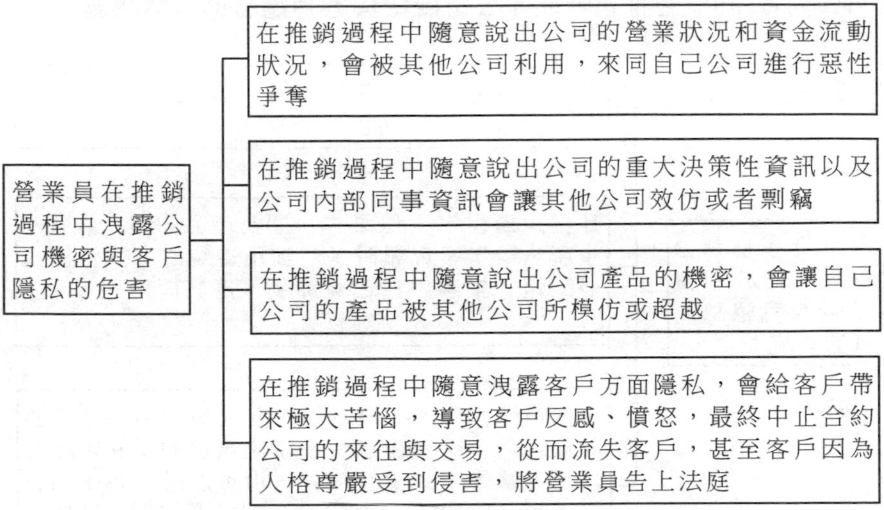

3.營業員在推銷過程中如何保守公司機密和客戶隱私

營業員在推銷過程中，要多談些與公司產品與業務有關的事情，避免交談涉及公司機密和客戶隱私的話題，並且還負有保守公司機密、客戶隱私的責任和義務。具體措施如圖 5-59 所示。

圖 5-59　在推銷時保守公司機密與客戶隱私的具體措施

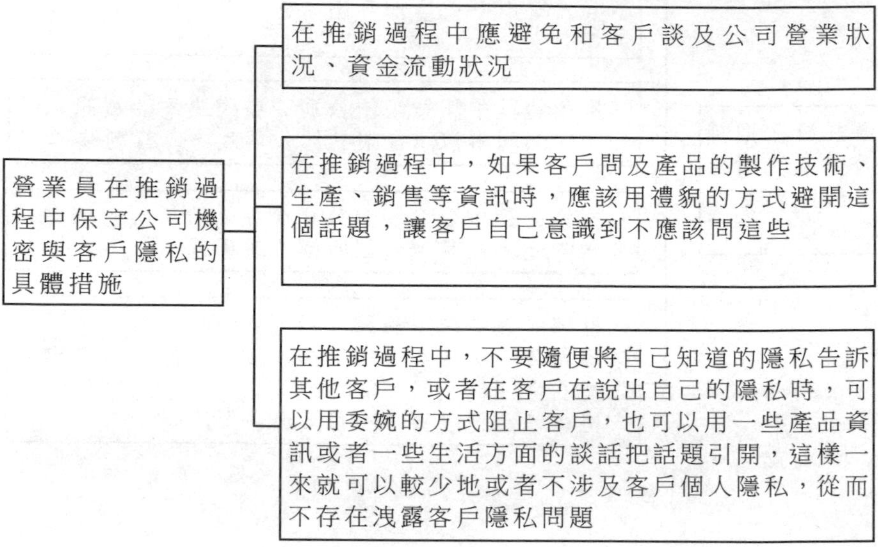

第 六 章

與客戶談判過程中容易犯的問題

談判在整個推銷過程中是至關重要的環節。無論是對營業員的推銷過程還是對下一步的成交作準備,其作用都不可小覷,在談判過程中的任何行為都能直接或間接地影響生意成交的可能性。

一、沒有正確的預期和底線

談判存在一個利益界限點,只有在界限之內的利益才能夠實現。超出了利益的界限,對談判雙方來說利益都不可得。

因此,營業員在準備與客戶談判時首先就是要有正確的預期和底線。很多營業員在推銷談判中因為沒有正確的預期和底線,往往不是談判不成功就是以公司和自己的利益為代價來換取談判的成功,完成交易。

1.沒有正確的預期和底線的表現形式

營業員沒有正確的預期和底線,在談判過程中就會有種種不適宜的行為。圖 6-1 所示。

圖 6-1　營業員沒有正確的預期和底線的表現形式

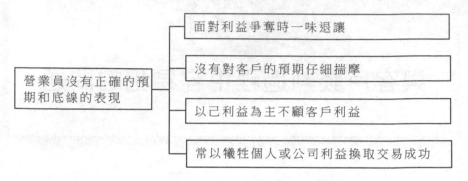

2.造成營業員沒有正確的預期和底線的原因

造成營業員沒有正確的預期和底線的原因多種多樣,具體歸結如圖 6-2 所示。

圖 6-2　營業員沒有正確的預期和底線的原因

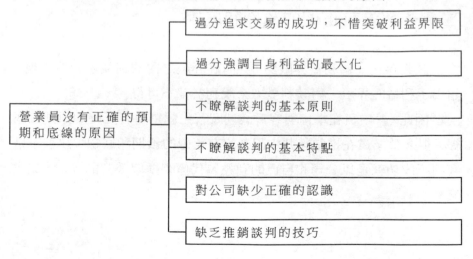

3.正確的預期和底線的設置方法和原則

　　營業員的正確的預期和底線，有助於其在談判中更快地達到與客戶的利益平衡，準確地把握客戶的意圖和最終目的。因此，一個成功的營業員更懂得如何去設置自己的預期和底線。

　　下面是營業員正確設置預期和底線時的方法，其基本步驟如圖6-3所示。

圖 6-3　正確設置預期和底線的方法

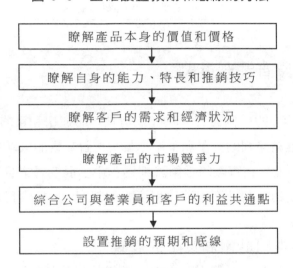

掌握了預期和底線的正確設置方法後，還要瞭解預期和底線設置的原則。如圖 6-4 所示。

圖 6-4　預期和底線的設置原則

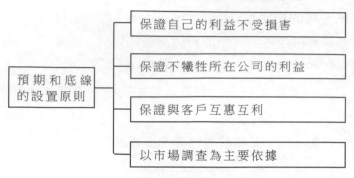

二、沒有談判計劃

　　營業員能力的一個最大反映就是對技巧的運用和策略的制定,而在推銷前將推銷談判的計劃和策略準備好,對交易的成功起著事半功倍的效果。然而,在實際的推銷談判過程中,很多營業員卻因各種原因忽略了對推銷談判計劃的準備和策略的制定,只是盲目地與客戶談判,毫無章法。

1. 沒有談判計劃和策略的表現

　　營業員並不都是主觀上消極地不準備談判計劃和策略,而是還有一些其他的原因影響著營業員。例如,有的剛加入推銷行業沒有經驗,不知談判前要準備,不知如何去準備計劃和策略,營業員沒有談判的經驗,無策略可用。如果沒有在推銷談判前準備好相應的計劃和策略,就會在談判時出現種種問題,面臨種種突發事件時不能隨機應變。其主要表現如圖 6-5 所示。

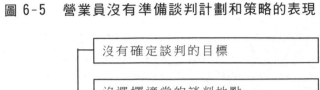

圖 6-5　營業員沒有準備談判計劃和策略的表現

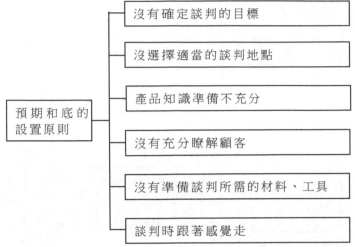

2.準備談判計劃和策略的方法

營業員若想在談判過程中出奇制勝，就必須在談判前準備好談判計劃和談判策略。

(1)談判計劃的準備

談判計劃包括談判的總體計劃和具體計劃，如圖 6-6 所示。

圖 6-6　談判計劃的準備

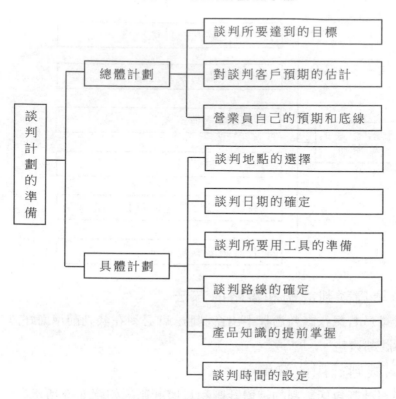

(2)談判策略的準備

　　談判策略的準備是談判準備階段的一個重要步驟，也是談判成功的關鍵因素。談判桌上風雲變幻，談判活動眼花繚亂，談判者要在錯綜複雜的情況下左右局勢的發展，必須進行充分的策略準備。談判策略的準備要注意以下幾個方面，如圖 6-7 所示。

圖 6-7　談判策略的準備

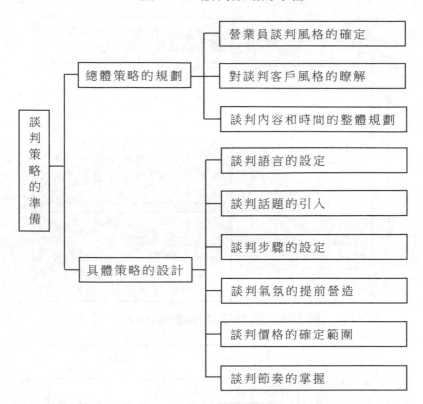

　　營業員掌握了談判策略的準備內容，還要掌握具體的、高效的談判技巧，這樣才能在具體的談判過程中佔上風，贏得客戶。

　　下面介紹幾種常用談判策略，如圖 6-8 和圖 6-9 所示。

圖 6-8 營業員常用的談判策略

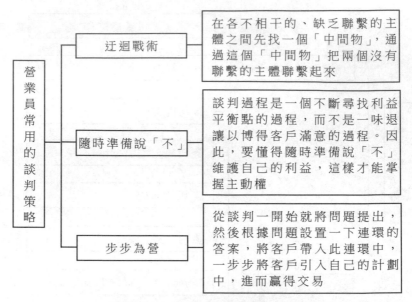

圖 6-9 跨越價格障礙的途徑

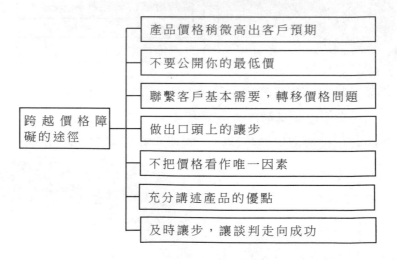

三、工具準備不充分

　　營業員制定好了談判計劃，設計好了談判策略，接下來就要做好推銷前的最後準備工作——推銷談判時所需的材料、工具。

　　談判的技巧和計劃、策略有助於提高營業員的推銷能力和個人職業素質，而材料、工具對營業員來說卻是必不可少的硬體。營業員只有充分利用這些硬體並結合自己的能力才能提高推銷的業績。

　　然而，實際的推銷工作中，很多營業員對材料、工具沒有足夠的重視，只是一味地學習推銷技巧，設定推銷策略。

1. 工具準備不充分的表現

　　營業員材料、工具準備不充分主要表現在以下幾個方面，如圖6-10所示。

圖6-10　營業員材料、工具準備不充分

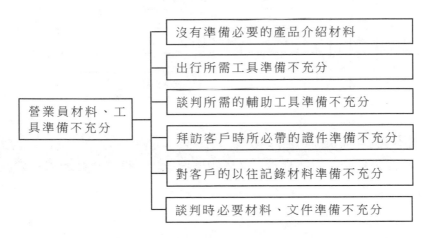

2.營業員所需準備的工具

　　營業員推銷產品時，只憑口才說服別人賣出產品，這是業績不佳的一個重要原因，也是營業員業績上升的絆腳石。

　　因此，營業員要準備推銷談判時所需的材料、工具。那麼營業員怎樣準備推銷談判時所需的工具？要準備那些工具？

(1)營業員準備材料、工具的原則

　　營業員所需的材料、工具有很多，不能每次推銷都要把所有的材料、工具都帶上，而要有所選擇。如圖 6-11 所示。

圖 6-11　營業員選擇工具的原則

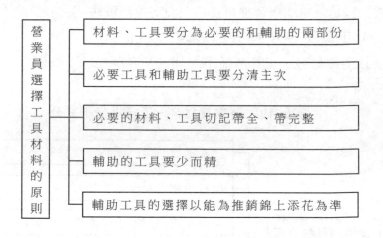

(2)營業員正確選擇材料、工具

　　掌握了推銷所需的材料、工具的選擇原則，接下來就要看正確的材料工具包含那些了。推銷所需的必要材料如圖 6-12 所示。

圖 6-12　必要的推銷材料

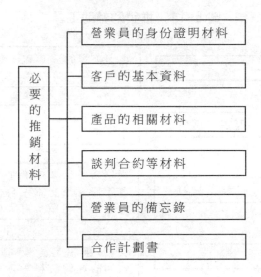

其中合作計劃書主要包括四大方面，如圖 6-13 所示。

圖 6-13　合作計劃書的內容

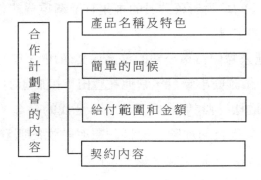

營業員所需的主要輔助工具如圖 6-14 所示。

圖 6-14　推銷的輔助工具

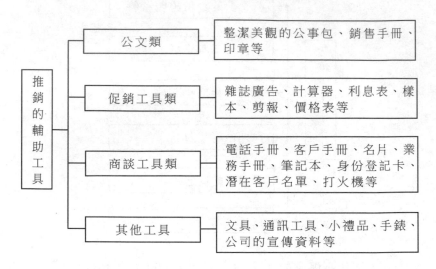

3.準備材料工具的重要性

材料、工具的準備對營業員的推銷有至關重要的作用，如名片就是最方便的推銷工具。

1969 年進入豐田汽車公司的椎名保文僅用 4 年的功夫，就賣出 1000 輛汽車，頗讓同事瞠目，當他在豐田「摸爬滾打」17 年後，他的名片上印著這樣一段話：「客戶第一，是我的信念。在豐田公司工作了 17 年之久是我的經驗，提供誠懇與熱忱的服務是我的信用保證，請您多多指教」，這段文字是手寫體的。

這張名片比一般的大兩倍，除了公司的名稱、住址、電話以外，上方還寫著成交 5000 輛汽車，並貼著一張椎名保文兩手比成「V」字的上半身照片。名片的背面，印著椎名保文的簡歷，上面寫著「1940 年生於福島縣」及前文所提銷售汽車數量的個人記錄，末尾則記著他

家的電話號碼。這種讓人一目了然的「自我推銷」工具，可以說是他成功的秘訣之一。

具體總結起來，準備材料、工具對營業員的作用如圖 6-15 所示。

圖 6-15　準備材料、工具的作用

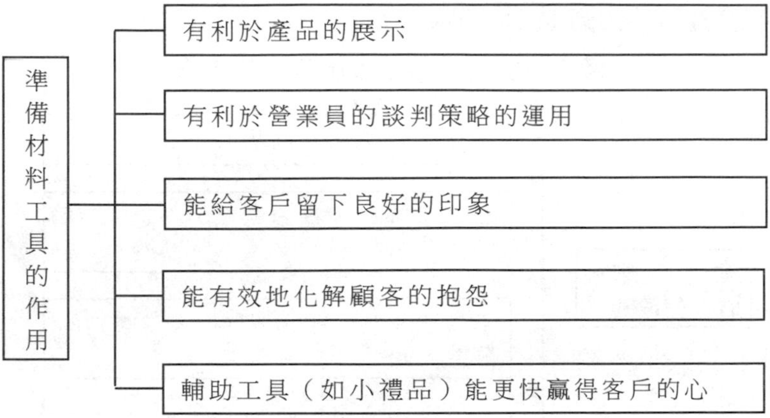

```
┌──────┐   ┌─────────────────────────────────────┐
│      │──│ 有利於產品的展示                         │
│ 準   │   └─────────────────────────────────────┘
│ 備   │   ┌─────────────────────────────────────┐
│ 材   │──│ 有利於營業員的談判策略的運用             │
│ 料   │   └─────────────────────────────────────┘
│ 工   │   ┌─────────────────────────────────────┐
│ 具   │──│ 能給客戶留下良好的印象                   │
│ 的   │   └─────────────────────────────────────┘
│ 作   │   ┌─────────────────────────────────────┐
│ 用   │──│ 能有效地化解顧客的抱怨                   │
│      │   └─────────────────────────────────────┘
└──────┘   ┌─────────────────────────────────────┐
           │ 輔助工具（如小禮品）能更快贏得客戶的心   │
           └─────────────────────────────────────┘
```

四、採用咄咄逼人的姿態

營業員與客戶的談判過程是其成功推銷產品的關鍵環節，談判過程也是談判技巧、談判策略的具體應用階段。如果營業員能夠熟練地應用談判技巧和策略，對其成功的推銷當然是至關重要的。營業員若是仗著熟練的談判技巧和嚴密的推銷策略，就自以為是，在推銷談判時咄咄逼人，那麼，等待營業員的很可能是失敗的結局。

1. 營業員咄咄逼人的表現

很多營業員特別是一些有經驗且有豐富理論知識的老營業員，他們有時會自以為是，與客戶談判時不懂得以退為進，一開始就要求客戶購買產品，總是壓制客戶的利益，不注意傾聽、揣摩客戶的想法和意見，再加上語氣盛氣淩人，那就很給難接近客戶，博得客戶的信任。

2.營業員咄咄逼人的危害

營業員談判時的咄咄逼人是一種對其推銷談判十分不利的做法。任何人都有想要獲得最大利益的慾望，而不希望與自己交談的人壓制自己的這些慾望。因此，營業員談判時對客戶咄咄逼人，其危害是不可忽視的，如圖 6-16 所示。

圖 6-16　談判時咄咄逼人的危害

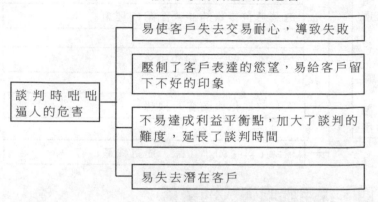

3.營業員如何克服談判時咄咄逼人的習慣

(1)克服咄咄逼人習慣的方法

瞭解了談判時咄咄逼人的危害，營業員就要學會克服這種不良的談判習慣，具體做法如圖 6-17 所示。

圖 6-17　克服談判時咄咄逼人的方法

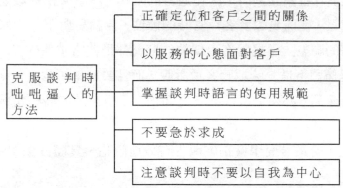

(2)談判時的正確做法

克服了咄咄逼人的習慣，必定要以另外一種良好的談判習慣代替。那麼那些好的做法是談判時可以應用的呢？如圖 6-18 所示。

圖 6-18　談判時的正確做法

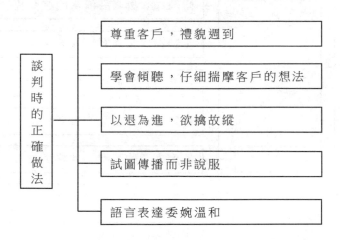

其中，學會傾聽，仔細揣摩客戶的想法，是非常實用且易行的方法。營業員在推銷談判時，應在適當的時候，靜下來仔細傾聽客戶的想法和意見，從而更瞭解客戶當時的態度。無論是對下一步談判的技巧、策略的調整，還是對客戶情緒的照顧都是非常重要的。

但是傾聽不是一味地聽客戶訴說，而且要適當傾聽。畢竟營業員要推銷的產品，必須把產品的各方面情況，所涉及的各種情況、資訊介紹給客戶。

因此，營業員要學會正確地，有效地傾聽，具體做法如圖 6-19所示。

圖 6-19　注意傾聽，仔細揣摩的內容

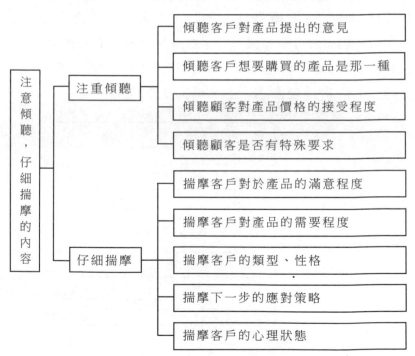

另外，欲擒故縱、以退為進的方法也是在談判過程中常用的非常有效的方法，如圖 6-20 所示。

圖 6-20　以退為進、欲擒故縱的方法

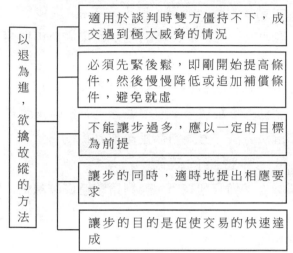

以退為進，欲擒故縱的方法
- 適用於談判時雙方僵持不下，成交遇到極大威脅的情況
- 必須先緊後鬆，即剛開始提高條件，然後慢慢降低或追加補償條件，避免就虛
- 不能讓步過多，應以一定的目標為前提
- 讓步的同時，適時地提出相應要求
- 讓步的目的是促使交易的快速達成

營業員語言表達委婉溫和，就會給客戶留下良好的印象。如圖 6-21 所示。

圖 6-21　語言表達委婉溫和

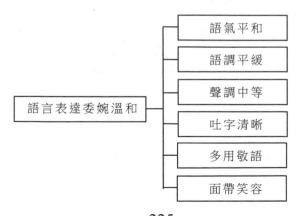

語言表達委婉溫和
- 語氣平和
- 語調平緩
- 聲調中等
- 吐字清晰
- 多用敬語
- 面帶笑容

五、一味退讓

　　營業員在推銷談判時咄咄逼人是十分不利的，但是不是只要營業員幫出讓步，客戶就一定會購買產品呢？如果客戶再提要求，營業員是不是要一味退讓呢？

　　人是有不同的性格和習慣的，就會有不同的做事方法和習慣，不同的營業員有不同的推銷技巧、推銷理念，而對同一問題也會有不同的理解方式和解決方法，對談判都是毫無益處的。

1.營業員一味退讓的表現

　　有的營業員在準備談判技巧、談判策略時滿腔熱情，準備談判工具時細心週到。但是一旦和客戶談判時卻沒有任何氣勢，沒有一味退讓。具體表現如圖 6-22 所示。

圖 6-22　營業員談判時一味退讓的表現

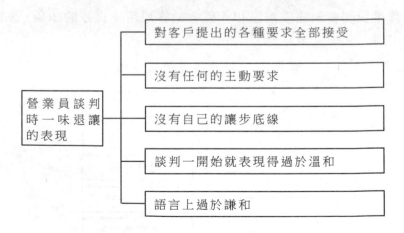

2.營業員一味退讓的原因

營業員都想通過談判很快地達成交易,但是推銷工作的性質決定了營業員與客戶的談判過程是異常艱苦的過程,一味退讓並不意味著很快就能達成交易。

那麼造成營業員一味退讓的原因有那些?如圖 6-23 所示。

圖 6-23　營業員一味退讓的原因

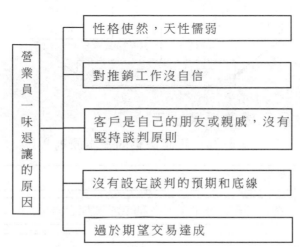

營業員一味退讓的原因
- 性格使然,天性懦弱
- 對推銷工作沒自信
- 客戶是自己的朋友或親戚,沒有堅持談判原則
- 沒有設定談判的預期和底線
- 過於期望交易達成

3.營業員一味退讓的危害

相對於談判時咄咄逼人的氣勢,營業員一味退讓的危害更大一些。因為營業員咄咄逼人的最壞後果就是交易無法達成,而營業員若一味退讓,雖然最後可能會交易成功,但是極有可能是以出讓自己和公司的利益為前提的,不僅如此,營業員的退讓還容易形成惡性循環。如圖 6-24 所示。

圖 6-24　營業員一味退讓的危害

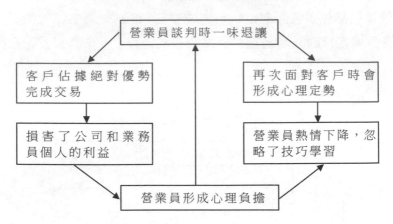

4.營業員正確的退讓技巧

圖 6-25　正確退讓的基本原則

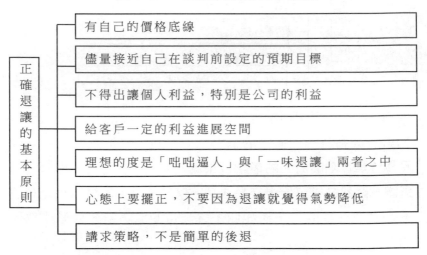

　　推銷談判是一個「博」的過程，這個過程是營業員與客戶的你來我往，彼進此退，彼退此進、咄咄逼人不行，一味退讓也不行，正確的做法是取兩者之「中」，具體的原則如圖 6-25。

　　光有退讓的原則還不行，營業員還要掌握具體的退讓技巧。這樣在談判這程中，才會在利益上有所行，達到交易的目的。

　　圖 6-26 介紹了營業員在推銷談判過程中需要掌握的退讓技巧。

圖 6-26　正確退讓的技巧

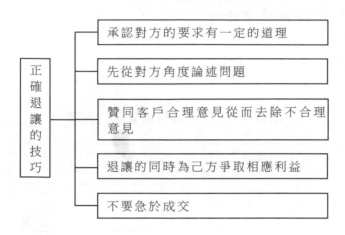

正確退讓的技巧

- 承認對方的要求有一定的道理
- 先從對方角度論述問題
- 贊同客戶合理意見從而去除不合理意見
- 退讓的同時為己方爭取相應利益
- 不要急於成交

六、急於求成

　　耐心是營業員必備的重要品質。急功近利、做事衝動，極易導致推銷失敗。尤其是在促成階段，客戶在做出買不買、買多少、何時買等購買決策時，都不是一時衝動之下決定的。他們需要權衡各種客觀因素，如產品特徵、購買能力等，同時還要受到主觀因素的影響，如心情好壞等。因此購買決策過程是一個極複雜的過程，並不是一蹴而就的。在這種時候，營業員應該給客戶合理的考慮時間，並耐心等待客戶做出決定。

　　況且，營業員和客戶雙方有各自不同的習慣和想法，考慮問題和行事方法、程序也各不相同。在推銷過程中營業員不能將自己辦事的

程序強加於客戶,而應注意客戶的思路,調整自己,與客戶互相配合。因此,足夠的耐心是選擇成交時機的關鍵。

然而,由於積壓種各樣的原因,很多營業員在快要與客戶成交時卻因過於心急而使快達成的交易又擦肩而過。

1.營業員急於求成的表現

營業員在快成交階段往往是最敏感也是心態最不穩定的階段。此時,他們對交易的成功過於期待,總是心浮氣躁,容易亂了陣腳。具體表現如圖 6-27 所示。

圖 6-27　營業員急於求成的表現

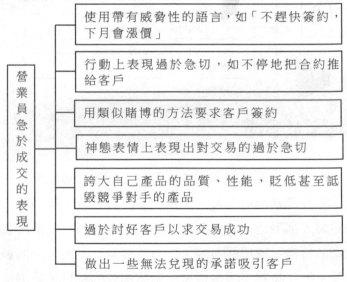

營業員急於成交的表現
- 使用帶有威脅性的語言,如「不趕快簽約,下月會漲價」
- 行動上表現過於急切,如不停地把合約推給客戶
- 用類似賭博的方法要求客戶簽約
- 神態表情上表現出對交易的過於急切
- 誇大自己產品的品質、性能,貶低甚至詆毀競爭對手的產品
- 過於討好客戶以求交易成功
- 做出一些無法兌現的承諾吸引客戶

2.營業員急於求成的原因

推銷之所以在推銷中易於求成,有各種各樣的原因。主要包括以下幾個方面,如圖 6-28 所示。

圖 6-28　營業員急於求成的原因

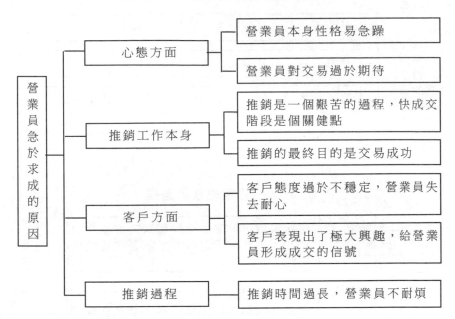

3.營業員急於求成的危害

　　營業員渴望達成交易是很正常的，因為任何推銷的終極目標，就是要與客戶達成交易。但是要講求方式和方法，只有正確的推銷方式和方法才能達到最終推銷目的。因此，營業員在推銷時急於求成，會產生諸多危害。如圖 6-29 所示。

　　另外，營業員推銷時急於求成，經常導致他們違背了正常的推銷程序。正常的推銷程序如圖 6-30 所示。

圖 6-29　營業員急於求成的危害

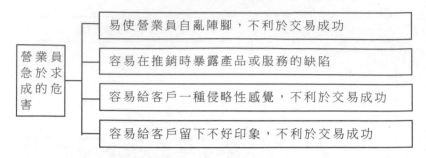

營業員急於求成的危害	
	易使營業員自亂陣腳，不利於交易成功
	容易在推銷時暴露產品或服務的缺陷
	容易給客戶一種侵略性感覺，不利於交易成功
	容易給客戶留下不好印象，不利於交易成功

圖 6-30　正常的推銷過程

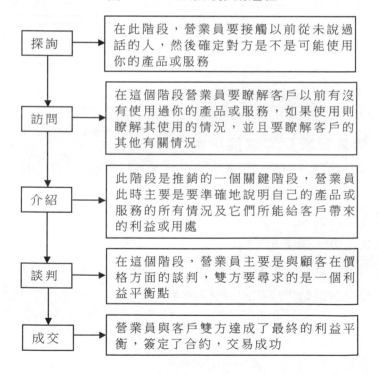

探詢	在此階段，營業員要接觸以前從未說過話的人，然後確定對方是不是可能使用你的產品或服務
訪問	在這個階段營業員要瞭解客戶以前有沒有使用過你的產品或服務，如果使用則瞭解其使用的情況，並且要瞭解客戶的其他有關情況
介紹	此階段是推銷的一個關鍵階段，營業員此時主要是要準確地說明自己的產品或服務的所有情況及它們所能給客戶帶來的利益或用處
談判	在這個階段，營業員主要是與顧客在價格方面的談判，雙方要尋求的是一個利益平衡點
成交	營業員與客戶雙方達成了最終的利益平衡，簽定了合約，交易成功

4.促成交易的方法

營業員要促成交易，切忌急於求成。那麼怎樣才能成功地與客戶達成交易呢？下面介紹一些實用的方法，如圖 6-31 所示。

圖 6-31　營業員促成成交的方法

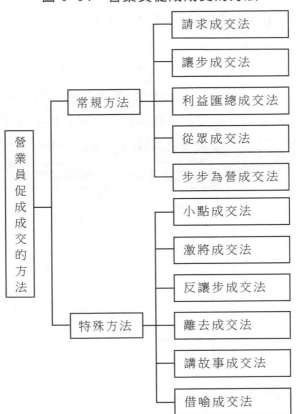

在掌握了這些方法的同時，營業員還應注意一些細節方面的處理。如果客戶有購買的信號，但卻仍有疑惑時，營業員要誠懇而耐心地與客戶溝通從而能瞭解他的疑惑並儘量去解決。

做到了這些，相信營業員就會離成交不遠了！

七、不能正確區分客戶類型

營業員在推銷時要根據客戶所處的群體不同，採用不同的推銷方式。但是，仍有很多營業員不能正確區分客戶類型，推銷時只是應用固定的模式來應對各種不同的客戶。

1.營業員不能正確區分客戶類型的表現

不同類型的客戶對營業員的態度、對推銷活動的反應是迥然不同的。然而很多營業員卻沒掌握這些情況，具體表現如圖 6-32 所示。

圖 6-32　營業員不能正確區分客戶類型的表現

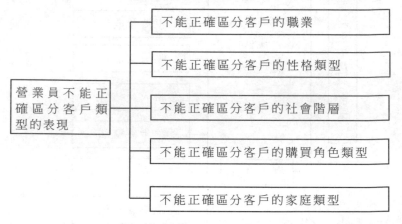

2.客戶類型的劃分

根據劃分標準的不同客戶分為不同的種類。

(1)按其性格不同劃分

根據客戶性格的不同，可將客戶劃分為以下幾種類型，如表 6-1 所示。

表 6-1　客戶類型的劃分

不同類型	典型特點和表現
自以為是、斤斤計較型	這類客戶，總是認為自己比營業員懂得多，也總是在自己所知道的範圍內，毫無保留地訴說。他們不但喜歡誇大自己，而且表現慾極強。他們還善於討價還價，貪小也不失大，用種種理由和手段拖延交易的達成，以觀察營業員的反應。他們並非對商品和服務有實質的異議，而只是想最獲利地得到產品
精明理智、冷靜型	這類客戶是由其理智支配、控制其購買行為，不會輕信廣告宣傳和營業員的一面之詞，而是根據自己的學識和經驗對商品進行分析和比較，他們會經常靠在椅背上思索，以懷疑的目光觀察、分析營業員的為人，探知營業員的態度是否真誠，他們的沉默不語常會給營業員一種壓迫感
大吹大擂、滔滔不絕型	這類客戶喜歡在他人面前誇耀自己的財富，但並不代表他真的有錢，實際上他可能很拮据，只是想通過誇耀自己來增加自己的信心；他們在營業員推銷過程中經常發表意見，往往一開口便滔滔不絕、口若懸河，營業員一旦附和他們，他們就如同得到了巨大的認同，而且極易使營業員陷入與之拉家常的閒聊中

(2)按職業不同劃分

按照職業不同劃分，客戶又可分如圖 6-33 所示的類型。

圖 6-33　按客戶職業不同劃分的類型

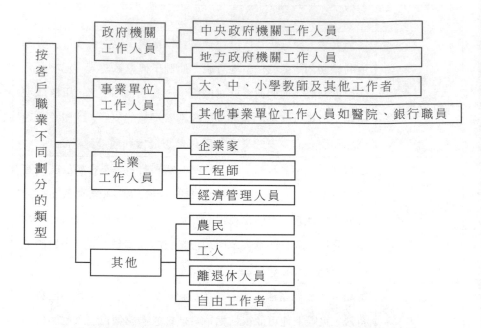

(3)按照年齡不同劃分

客戶按年齡的不同可劃分如下幾種類型,如圖 6-34 所示。

圖 6-34　客戶年齡不同的分類

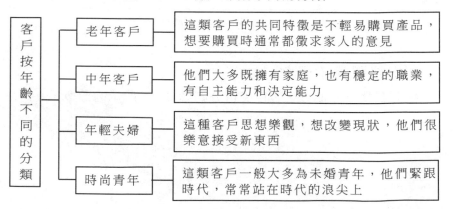

3.怎樣面對不同類型的客戶

瞭解了客戶類型，營業員就要學會怎樣面對不同類型的客戶，怎樣與他們溝通，向他們推銷產品。

圖 6-35　如何應對不同類型的客戶

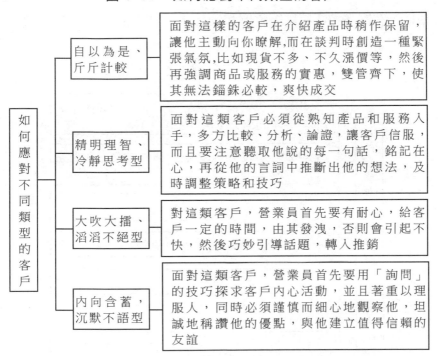

如何應對不同類型的客戶	自以為是、斤斤計較	面對這樣的客戶在介紹產品時稍作保留，讓他主動向你瞭解,而在談判時創造一種緊張氣氛,比如現貨不多、不久漲價等，然後再強調商品或服務的實惠，雙管齊下，使其無法錙銖必較，爽快成交
	精明理智、冷靜思考型	面對這類客戶必須從熟知產品和服務入手，多方比較、分析、論證，讓客戶信服，而且要注意聽取他說的每一句話，銘記在心，再從他的言詞中推斷出他的想法，及時調整策略和技巧
	大吹大擂、滔滔不絕型	對這類客戶，營業員首先要有耐心，給客戶一定的時間，由其發洩，否則會引起不快，然後巧妙引導話題，轉入推銷
	內向含蓄、沉默不語型	面對這類客戶，營業員首先要用「詢問」的技巧探求客戶內心活動，並且著重以理服人，同時必須謹慎而細心地觀察他，坦誠地稱讚他的優點，與他建立值得信賴的友誼

八、百密一疏，細節出錯

談判階段是推銷的關鍵環節。很多成功人士都是細節方面的高手，他們對細節的關注為他們贏得了很多通往成功的機會。一個成功的營業員總會把事情準備得細密週到，讓客戶百分之百滿意。然而，還是有很多營業員，他們制定了週密的談判計劃和完美的談判策略，

卻忽視了在具體談判時的細節問題。而正是這些細節問題使他們之前的所有準備都前功盡棄、功虧一簣。

1.營業員細節出錯的表現

營業員的推銷過程是一個漫長的、艱難的過程,有許多「硬體」要準備,有許多技巧策略要瞭解和制定,有許多情況要調查。因此,很容易不重視甚至是忽視細節。具體表現如圖 6-36 所示。

圖 6-36　營業員談判尾聲佃節出錯的表現

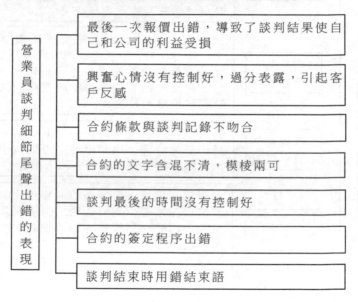

最後一次報價出錯,導致了談判結果使自己和公司的利益受損

興奮心情沒有控制好,過分表露,引起客戶反感

合約條款與談判記錄不吻合

合約的文字含混不清,模棱兩可

談判最後的時間沒有控制好

合約的簽定程序出錯

談判結束時用錯結束語

另外,在最後一次報價時還容易觸犯以下禁忌,如圖 6-37 所示。

圖 6-37 營業員談判最後一次報價的禁忌

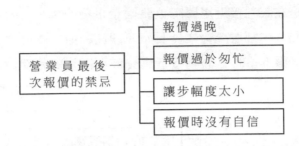

因為最後一次報價是雙方利益的最終確定,它決定了雙方獲利的比例。因此營業員此時要特別謹慎,不要出現上述情況。

2.營業員細節出錯的原因

營業員細節出錯可歸結為以下幾種原因,如圖 6-38 所示。

圖 6-38 營業員細節出錯的原因

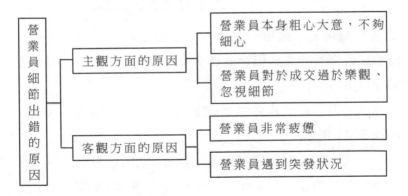

3.營業員如何避免細節出錯

為了順利、成功地完成推銷，營業員必須要加強對細節的關注和重視，特別是在談判接近尾聲時更要給予足夠的重視，因為這關係著推銷的最終結果。那麼，營業員要如何關注細節，避免細節出錯呢？

圖 6-39　　談判接近尾聲時要關注的細節

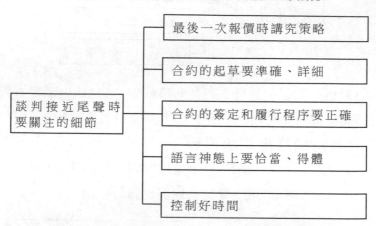

首先，最後一次報價時要講究一定的策略，報價不要過高或過低，以免影響交易的成功和營業員本身或公司的利益。具體的報價原則策略如圖 6-40 所示。

其次，起草合約時也要注意細節問題，一定要準確，條理分明。具體如圖 6-41 所示。

第三，合約的簽訂和履行程序如圖 6-42 所示。

第四，營業員在談判尾聲時一定要注意語言、神態方面的細節，要恰當、得體。如圖 6-43 所示。

圖 6-40　最後報價的原則和策略

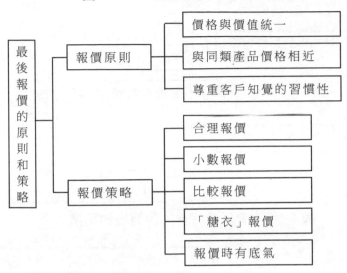

圖 6-41　營業員起草合約時應注意的事項

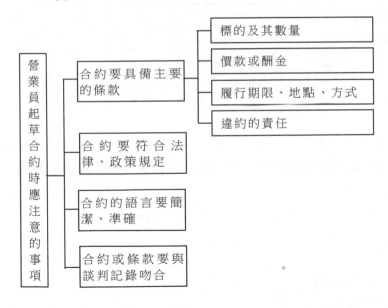

圖 6-42　合約的簽訂和履行

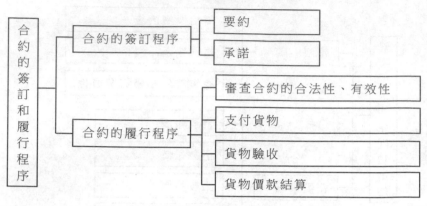

圖 6-43　營業員語言、神態上的細節

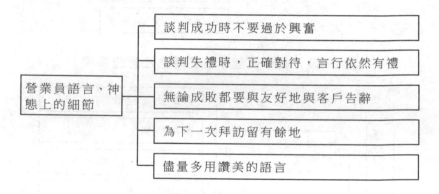

　　第五，營業員一定要控制好時間，不能時間過長，過於拖遝。這樣既會給客戶留下不好的印象，也容易給客戶留有反悔的時間，不利於推銷。

　　所以，營業員要切記細節的重要性，做好一切準備，這樣才能逐漸把自己鍛鍊成一個成功、完美的營業員。

第 七 章

在處理顧客拒絕時容易犯的問題

　　營業員在處理顧客的拒絕時，常會犯下列的錯誤：有問必答，不知如何回答，陷入爭辯之中，陷入繁瑣的比較中，糾纏於枝節問題上，預防拒絕時禁忌的話題，死背拒絕處理話術，對顧客感到抱歉，語氣及用詞不當，喪失主動權，缺乏決斷力，輕信顧客的藉口和許諾等。

一、有問必答

　　我們在處理顧客拒絕的方法中曾提到過不理睬法，即對顧客的某些拒絕可以不予回答。但是，由於緊張或出於習慣，在實際推銷活動中，營業員往往並不分析判斷顧客的拒絕，而是條件反射式地馬上回答。

　　這樣的有問必答，往往導致以下不良後果。

1. 無法自圓其說

　　對一些內容較為複雜的拒絕，由於營業員自身沒有或不可能有較

為全面的認識和依據，以致對顧客的回覆十分勉強，常常露出破綻，無法自圓其說，使顧客對營業員的專業素養產生疑問。

2.無法說服顧客

一些原本就是顧客臨時編造的拒絕，顧客並沒有希望得到答覆，而營業員貿然去答覆，根本起不到說服顧客的目的。

3.聽不出拒絕的真正含義

對一些明顯是藉口的拒絕，營業員只會照著問題的表面含義去回覆，根本不知道這些問題的言外之意。

4.不懂得說話的藝術

顧客對營業員的解釋已經毫無興趣或沒有聽懂，營業員仍舊高談闊論、喋喋不休，不給顧客發表意見的機會。這樣，顧客即使不提出拒絕，也會遲遲不予購買。

5.產生怨恨情緒

營業員費心費力講述，卻還是受到顧客的拒絕，因而對顧客產生怨恨的情緒。

6.使談話難以繼續

營業員冒失的回答，使得營業員失去了與顧客進行真誠交流的機會，談話變得有隔膜和費力，甚至導致推銷中斷。

7.受制於顧客的意願

營業員有問必答，使談話按顧客的思路進行，從而使營業員受制於客戶的意願，推銷當然無法成功。

二、不知如何回答

在推銷活動中，當顧客提出拒絕時，營業員可能會茫然不知所

措，根本無從回答，這樣的場面十分尷尬。營業員不知如何回答的原因可能是準備不充分，對專業知識不熟悉，對顧客不瞭解，加上缺乏臨場的經驗等。

在推銷中，有些拒絕的確很難回答，但是，如果提出的問題確實比較專業化，營業員可以坦陳自己無法解答，或打電話給公司有關部門徵詢意見，這種坦誠的態度，顧客是可以理解的。

三、陷入爭辯之中

在無法完成交易的各種方法當中，「與顧客爭辯」大概要居首位。不要與顧客爭論，並不是一概否定雙方對某一問題的熱烈探討，但是，如果無休止地與顧客爭論某一問題，企圖以自己的雄辯爭個輸贏，以為贏得爭辯，就會使推銷成功，那就大錯特錯了。推銷面談的目的，是為了更加清楚地瞭解顧客的需求，鼓勵他的需求，並滿足他的需求，而不是為了某個細節、某個問題，爭一個水落石出，爭一個你長我短。

無論在任何情況下，都不要同客戶正面爭論。你輸了，對方不會接受你的產品；你贏了，對方會因惱羞成怒也不會接受你的產品。要知道，你的任務是推銷產品而不是來吵架的，有時聽一些營業員說：「這傢伙真令人討厭，我狠狠把他治了一頓，出了一口惡氣。」當你問他產品推銷出去了嗎？他回答說：「一根頭髮絲也沒推銷出去。」所以美國潘思互助人壽保險公司對愛爭論的營業員，一概解僱。他們深深懂得：推銷不是靠爭論，人的主意不會因為爭論而輕易改變。

當然，不與顧客爭辯不是不敢否定顧客的拒絕，在某些情況下，直接地否定顧客的拒絕，往往可以有效地吸引顧客傾聽你的意見，收

到良好效果。

在推銷中人們總是希望迅速有效地改變顧客的態度,但方法一定不能簡單,尤其是顧客用一個錯誤的事實來堅持他的態度時,你千萬不能直接去指出其錯誤,而要採取尊重顧客的做法,間接地暗示他:我是尊重、理解你的。所以,不要當場揭穿顧客的把戲,而應很有涵養地間接暗示他,保全他的自尊。這樣他在羞愧之餘還存有一點感激,這種感激就成了推銷的突破口,而使推銷一舉成功。

四、陷入繁瑣的比較中

以保險推銷為例,說明推銷一旦陷入繁瑣的比較將會產生的不良後果。

一般情況下,即使營業員精通各公司產品的條款和利益並且對有關保險的種種數據都瞭若指掌(如費率、利率、投資回報率等等),也不可輕易向顧客作比較。即使耐不過客戶的請求,一定要計算比較,也不要全面展開,只比較計算一兩項即可。營業員如果陷入比較和計算之中,就很難自拔,會產生以下後果:

1. 無法清楚說明

各公司的保險品種、相同品種的條款、費率、利益,往往同中有異,異中有同,雖然表面上很具可比性,但實際上根本無法說得清楚。

2. 問題會越來越多

營業員一旦開始進行比較,顧客和保險本身的各種問題會紛至遝來,令營業員答不勝答。

3. 引出多種假定

進行比較,就需要許多假定作為前提,問題會越說越複雜。

4.使顧客疑慮增加

比較的結果，顧客往往不是覺得保險不合算，就是認為無從取捨，結果是什麼都不買。

所以，優秀的營業員往往會巧妙地避開產品的比較，因為他懂得，這是一個馬蜂窩，對於推銷有百害而無一利。他會把顧客的注意力轉向顧客本身，而不是屈從顧客的意志，去浪費大量的時間於繁瑣的比較中。

五、糾纏於枝節問題上

營業員往往會因為一個與推銷商品毫無關係的問題而陷入爭吵，其結果不是收穫得甚少，就是毀掉一切。營業員不必也不可能處理所有與成交無關的顧客拒絕，因為此類拒絕並不是成交的直接障礙。如果顧客有偏見或想法古怪，營業員的任務並不是去改造他，只需注意顧客對商品的意見就足夠了，要儘量迴避沒有多大價值的枝節問題，以節省面談時間，減少不必要的麻煩，提高推銷效率。

六、預防拒絕時禁忌的話題

在初次拜訪顧客時，不應直奔主題，而是先要與顧客閒聊，慢慢打開話題。下面是在閒聊中應禁忌的一些話題：

・政治。
・宗教。不要把對方的人生觀作為話題，更不能對對方進行人身攻擊。閒聊大致上無望的時候，可以談一談體育。
・頭髮稀疏。

 · 身材矮小。

 · 身體肥胖。

 · 家裏沒有孩子。

 · 其他公司的營業員。

 · 自己的公司、上司、同事等。

 · 其他顧客的秘密(涉及自己的時候除外)。

 · 超出對方的出生地、姓名等相當私人的事情。

 · 關於「緣分不祥」的話。

 · 「風水不祥」的話。

 · 年齡。

 · 臉。

其他的還有:與對方爭執不休或在爭執中佔了上風而得意。

敏感地避開忌諱,以輕鬆的談話創造良好的氣氛是對營業員的一個重要要求。

七、死背拒絕處理話術

回答顧客拒絕前要進行演練,這樣做的目的是在和顧客交流時要自然而流利地交談,根據對方的拒絕點,加以整理解釋,但演練不是死背。如果營業員只是死背這些話術,而不能針對實際情況靈活變通,則很難克服顧客的拒絕。有些營業員整理的處理拒絕的話術都十分正確,但卻不是最有效的話術。

假如遇到這樣的情況:「我寧願把錢存到銀行去。」

你可能會這樣說:「的確,您當然可以自己拿到銀行去存,可是,根據我的經驗這種存錢的做法不容易持續,況且也有很多親

友借貸的情況，說不定就此血本無歸了。」

這種處理拒絕的話術是正確的，但明顯沒有什麼說服力，我們再來看另一種說法：

「宋先生，您將這筆錢存入銀行，也是不錯的方法，但能不能請教您一個問題，您從進入社會到現在是不是都經常在銀行存款？」

「是。」

「那該有 10 年的時間了吧！如果您每個月存 1000 元有沒有什麼困難？」

「應該差不多。」

「那麼每個月存 1000 元錢，一年有 12000 元，10 年就有 12 萬，連同利息，也應該有 13 萬吧。」

「是。」

「而實際上您的存摺裡有 13 萬嗎？」(準保戶笑而不答)

「其實，我也和您一樣，這 10 年來存摺中始終只有兩三萬。您知道是什麼原因嗎？」(準保戶沉默、搖搖頭)

「宋先生，我再請教一個問題，您是否每月要交電費、水費、煤氣費？」

「當然。」

「那再請教您，為什麼您能每月都按時繳納，不會漏掉？」

「當然，如果沒繳的話，電源就被切掉了，最主要的是每個月都有固定的人來收款。」

「這就對了，一個人若要保證將來有多少錢，就必須每年要有人來定時定額為您存一筆錢。」

這種說法明顯更加靈活，也更有說服力。所以，在推銷活動中，

一定不能死背話術,而要做到靈活變換話術。具體做法是:

第一,最好使用日常生活的實例來證明;第二,用比喻法比說理更具說服力;第三,不斷使用反問法詢問對方,加強對方的認同感,避免說教的意味,使顧客感到被尊重。

八、對顧客感到抱歉

在推銷過程中,營業員一定不要對顧客感到抱歉,因為這樣一來,營業員就從心理上輸給了顧客,不能輕鬆說服顧客,其結果可能不是營業員在銷售,而是顧客在推銷他們的看法了。

九、語氣及用詞不當

在推銷活動中,語氣與用詞不當就會使營業員的推銷形成咄咄逼人之勢,使顧客感到心理壓力加大而無法忍受。如果顧客因此在心理上築起抵觸的防線,成交將變得非常渺茫,所以,營業員應講究用詞及說話的技巧,不可將顧客作為批評與反駁的對象。例如,只能說「有人……」而不能說「你可能會……」,這樣,既消除了顧客拒絕,又不會使顧客產生抵觸情緒。

十、喪失主動權

主動權在整個推銷過程中都是十分重要的,因為它直接關係到引導與被引導的問題,營業員如果在推銷中失去了主動權,就會被顧客牽著鼻子走,而無法成功引導顧客。

例如：

「請問這個領帶多少錢？」

「1000 塊錢。」

「有沒有其他款式？大概 800 元左右的？」

「有。」(拿出別的款式的)

「這個不好看，有沒有再便宜一點的？」

「有。」

「這個不好，我還是改天再來好了。」

以上例子中的營業員就喪失了推銷中的主動權，從頭至尾按顧客的思路走，而無法成功達成交易。即使顧客有購買動機，營業員的主動權喪失，從另一面來說，也就喪失了引導的權力，而由顧客引導必將把推銷引向失敗的胡同。

如：「沈先生，您覺得這樣的保單怎麼樣？」

準保戶此時通常都會保持沉默，因為通過問題處理階段後他腦中的邏輯已經混亂了，這個時候正是營業員促成的大好時機。

「沈先生，保費一年總共是 12000 元，如果方便的話，能否麻煩您開一張支票？」

十一、缺乏決斷力

在推銷活動即將完成時，顧客往往需要營業員給他一個推動力，幫他下定決心購買。而營業員卻往往缺乏決斷力，任由推銷面談無盡地發展，等待著顧客主動提出購買，而不是有機會就提議顧客進行購買，殊不知頻繁的締結動作是做成交易的有效手段。

十二、輕信顧客的藉口和許諾

　　面對推銷，顧客會有種種藉口和許諾，營業員一旦輕信，就會放棄再次努力而錯過一次次可能成功交易的機會。例如，顧客會說「我今天沒空，你改天再來吧」、「你把資料放在這裏，我會考慮的」、「我決定下來的話，會通知你的」、「過兩個星期我會打電話給你」等等，這些許諾很具欺騙性，營業員如果放鬆警惕，那麼就會丟失很多成交的機會。

第 八 章

在交易完成後容易犯的問題

　　許多營業員在交易完成後就放手不管了，只專心於尋找和開發新客戶，致力於下一輪的銷售。他們對剛完成的交易無論是售後服務還是經驗教訓都不花心思去做。這樣的營業員對推銷工作認識不夠全面，是難以取得更大成就的。

一、成交後的離開

　　推銷活動進行到談判階段，不外乎這樣兩種結局：一種是雙方交易順利達成；另一種是雙方暫時沒有成交。沒有成交自然就與客戶禮貌告別，表示希望有機會能夠合作。然而成交後是不是就大功告成，拿了錢就走呢？許多營業員都是這麼做的：他們從踏進客戶家門到交易談判，一直表現良好，但當交易達成以後，馬上帶上自己的東西就向客戶告別了——合約上客戶的簽字墨蹟還未乾，營業員就已經不見人影了。

營業員應該在成交後稍作停留，一如既往地保持那種熱情和禮
貌，這不僅是談判禮節的需要，更是一種推銷策略。因為營業員在成
交後的態度和行為若能贏得客戶好感，不僅使客戶對此次交易充滿信
心，也為下一次合作埋下了伏筆。

1. 為何成交後不能立即離去

營業員成交後立馬「閃人」，可能是擔心客戶變卦反悔，或是忙
著去慶祝成功，也可能是馬不停蹄地去開展下一輪推銷了。無論何種
原因，營業員都忽略了客戶的一個需求，即客戶希望營業員能做一些
事來免除他們的後顧之憂。若營業員成交後立即離去，則會產生很多
負面影響。如圖 8-1 所示。

圖 8-1　成交後立即離開的危害

成交後立即離開的危害

- 使客戶懷疑產品的品質和自己的購買決定
- 使客戶認為營業員的唯一目的就是賺錢，以後需要他們時就很難見到他們，會產生後悔情緒，甚至取消訂單
- 客戶可能以為營業員有所隱瞞或訂單、合約中有圈套，對業務員產生不信任
- 客戶會認為營業員勢利，沒有禮貌
- 營業員會失去與該客戶再次合作的機會

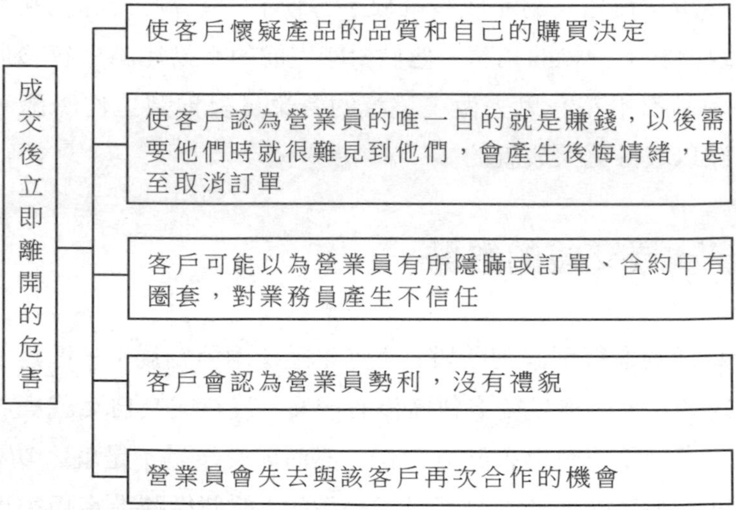

交易成功後不能立即離開，也不能在交易現場逗留太久。交易成
功之後，營業員若能稍作停留，和客戶聊上幾句，會讓客戶覺得更安
心，這樣可以起到雙重作用：一方面可以減少客戶後悔的機會；另一

方面，有助於獲得再合作的可能性。

2.成交離去時應注意的事項

營業員從推銷拜訪開始，到成交後離開，一言一行都會對客戶的購買決定產生影響。所以營業員要善始善終，特別要注意交易成交後離去時的表現。主要應注意的事項如圖 8-2 所示。

圖 8-2　成交離去時應注意的事項

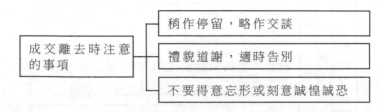

(1)稍作停留，略作交談

成交之後，告別之前，營業員為表示對成交負責和對客戶利益的關心，應就一些相關問題與客戶進行簡單交談，其內容如圖 8-3 所示。

(2)禮貌道謝，適時告別

營業員在與客戶進行短暫交談之後，適時向客戶道別，這時要注意圖 8-4 所示的幾點。

(3)不要得意忘形或誠惶誠恐

浩然是某清潔公司的營業員，當一新蓋的大廈完成時，他馬上跑去見該大廈的管理組長，想攬下所有的清潔工作，包括各個房間地板的清掃，玻璃窗的清潔，及公共設施、大廳、走廊、廁所等所有的清潔工作。

幾次接觸下來，浩然的努力終於幫他承攬到了生意。辦好手續，浩然從側門興奮地走出來時，一不小心把消防用的水桶給踢翻了。這一幕正好被管理組長看到，心裏很不舒服，就打電話將

這次合約取消了。

圖 8-3　成交後與客戶略作交談

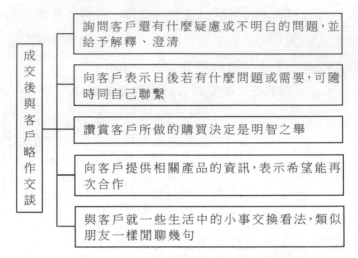

圖 8-4　與客戶道別應注意的事項

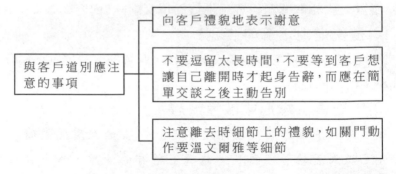

　　一般來講，營業員付出一番艱辛努力後，一旦成交簽約難免會心中得意，但一定要抑制自己的激動情緒，這時還不是慶功的時候。如果營業員喜形於色甚至得意忘形，往往會引起客戶反感，甚至臨時改變決定，收回成交允諾。畢竟營業員是從客戶身上取得了利益，過分得意會使客戶心理不平衡，產生不滿和悔意。

　　而有些營業員與此恰好相反，在成交後仍心裏不安，生怕一不小心得罪客戶使客戶臨時變卦，改變決定。這類營業員要麼成交後立馬就走，要麼神色擔憂、誠惶誠恐，看客戶的臉色行事。這其實也大可不必。只要想一下，客戶既然決定了購買產品，就是對產品有興趣，有信心，營業員就更應該有信心。

　　總之，成交後立即離開的營業員實際上工作並非善始善終，而優秀的營業員必定會注意成交之後的細節，讓客戶放心地購買，並為自己今後的工作做好準備。

二、不注意售後服務

　　現代人的生活水準越來越高，人們對消費的要求也越來越高。人們不但會關注產品本身，而且也會對服務有很高的要求，其中最為重要的是售後服務。營業員在完成交易的過程中已經暗含了售前、售中服務，但售後服務卻必須在交易完成後獨立進行。營業員不注意售後服務，在客戶看來就是整個銷售服務都不令人滿意。產品雖然賣出去了，但卻不等於成功地完成了一筆交易。

1.營業員不注意售後服務的表現

　　推銷不能簡單地等於賣東西，然而好多營業員不懂得這個道理。賣完東西就對客戶不聞不問，不注意售後服務。主要表現如圖 8-5 所示。

2.營業員不注意售後服務的危害

　　售後服務與營業員及公司有著直接的利益關係，在工作中如不注意，會產生非常不好的影響。如圖 8-6 所示。

圖 8-5　營業員不注意售後服務的表現

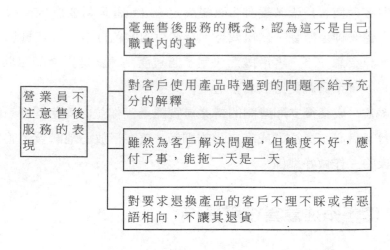

圖 8-6　營業員不注意售後服務的危害

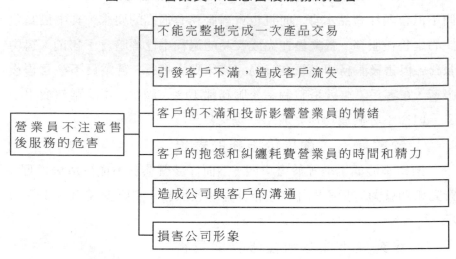

3.售後服務的意義

　　良好而獨特的售後服務會使客戶覺得花錢買回來的不單單是一個獨立的產品或一項單獨的服務，而是一個公司、一個熱忱的營業員對他真誠的關心和愛護，是公司和營業員個人良好的信譽和責任感，因此會有物超所值的感覺。可見，售後服務意義重大。如圖 8-7 所示。

圖 8-7　售後服務的意義

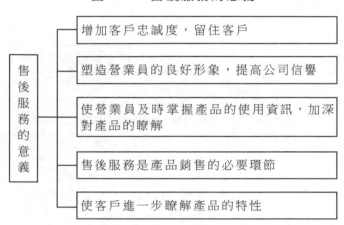

4.售後服務的內容

　　通過上面的分析可以看到，良好的售後服務會使客戶滿意，進而使營業員和公司獲得很好的業績並創造豐厚的利潤。營業員要做好售後服務，必須熟知售後服務的一般原則和內容。

(1)售後服務的一般原則

如圖 8-8 所示。

(2)售後服務的內容

　　售後服務的內容是很廣泛的，包含很多方面。營業員應做到如表 8-1 所示的幾大項。

　　總之，營業員應明確自己的職責，將售後服務做好，贏得客戶的

滿意和信任,也為自己提供一個寬廣順利的發展環境。

圖 8-8　售後服務的一般原則

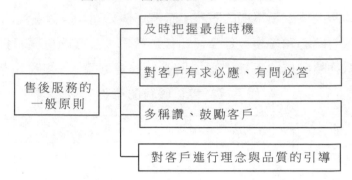

表 8-1　階段售後服務的內容

內容	具體事項
送貨時要核查客戶的購物數量和品種	營業員每和客戶談好一筆交易之後,應詳細記住客戶購買的貨物數量、品種,在發貨時仔細核對,切不可出現顏色、等級、大小、數量等方面的差錯
向客戶介紹使用產品的方法及注意事項	不要以為給客戶一張使用說明書就可以了,營業員應用更通俗明白的語言進行說明,必要時給予示範,並提醒客戶在使用、保養或更換配件時的注意事項
向客戶介紹使用該產品的效果	讓客戶親眼看到產品的效果,防止他按自己的想法去推測其效果,防止實際與想像不同而引發的爭議和誤會
將退貨換貨須知告知客戶	雖說產品品質是最好的售後服務,但營業員應想得更週到些,將退、換貨的注意事項告知客戶,為客戶減少麻煩
邀請客戶參加活動,分享使用產品的心得	組織一些討論活動,邀請客戶參加,讓其自由交流產品使用心得,使客戶感覺找到了知音。同時營業員也要從中發現問題

三、與客戶失去聯繫

營業員在一筆業務完成後沒有再聯繫客戶,推銷完產品後就消失得無影無蹤的營業員,自然不會得到客戶的再次照顧。

1.與客戶失去聯繫的危害

推銷不是一錘子買賣,而是要和客戶建立長期的關係。與客戶失去聯繫會使營業員日後的工作十分吃力。如圖 8-9 所示。

圖 8-9　與客戶失去聯繫的危害

老客戶有新業務時難以得到資訊

忙於兜攬新生意而沒有採取行動處理上次成交後的細節問題,使原本滿意的客戶產生後悔情緒

沒有穩定忠實的老客戶,工作沒有穩定的基礎

新客戶的尋找開發比較艱難,不能彌補老客戶的流失,得不償失

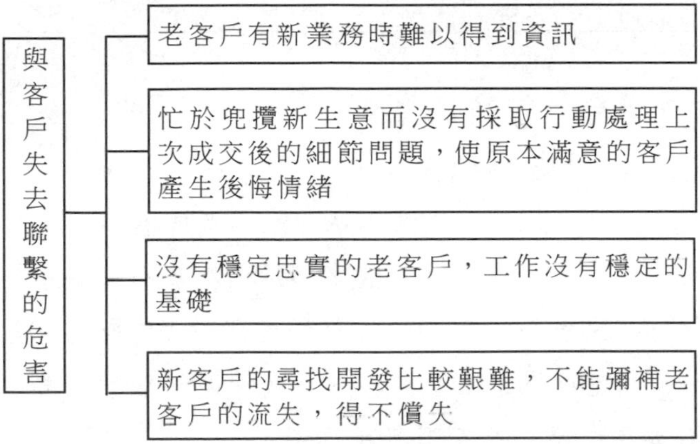

許多營業員忽視了與客戶保持聯繫這個環節的重要性,這是無法保持好的業績的。

2.與客戶保持聯繫的好處

營業員在交易結束後與客戶保持聯繫,會讓客戶感到除了商業合作之外的濃厚人情味。好的營業員都知道:「成交是推銷的開始」。可見與客戶保持聯繫、建立感情大有益處。具體如表 8-2 所示。

表 8-2　營業員與客戶保持聯繫的好處

保持聯繫	根據和原因
避免失去客戶	持續不斷地關心客戶，防止客戶被競爭對手搶去
獲得更多的客戶	客戶可能向親朋好友推薦，而由推薦而來的客戶的購買數量通常都比較大，生意往往比較持久，較少討價還價
節約推銷成本	維持關係比建立關係更容易。據估計，開發一個新客戶的費用是保持現有客戶費用的6倍。開發新客戶時，營業員需要付出相應的費用，同時也耗費時間和精力；而維持老客戶只需打幾個電話，問候一下就可能辦到
便於與客戶建立長期合作關係	營業員應知道80/20理論，即營業員80%的銷售業績來自於20%的客戶。這20%的客戶就是與營業員建立了長期合作的關係的客戶

3.如何與客戶保持聯繫

(1)建立客戶資料檔案

可以用一本筆記簿、一個文件夾、一個卡片檔案或一個電腦檔案來記錄客戶的資料和資訊。這個檔案包括基本資料，供你與客戶保持聯繫；也包括特別資料，有助於你為個別客戶提供貼身服務。例如，當有一件客戶可能感興趣的新產品生產出來時，就能及時通知到位。客戶資料檔案的形式、內容如表 8-3 所示。

營業員可以編制一個客戶數據庫，利用這個平臺來與客戶保持聯繫，建立長期合作。建立客戶資料檔案也要注意如圖 8-10 所示的幾個問題。

表 8-3　客戶資料檔案的示例

客戶資料檔案

姓名：　　　　　　　　　　　　　性別：

出生日期：　　　　　　　　　　　電話：

工作：　　　　　　　　　　　　　職務：

傳真：　　　　　　　　　　　　　E-mail：

地址：　　　　　　　　　　　　　郵編：

聯絡時間的限制/特定要求：

個人檔案(興趣喜好、身材尺碼、家庭情況、紀念日等)：

購買歷史：

最近的要求/狀況：

圖 8-10　建立客戶資料檔案的注意事項

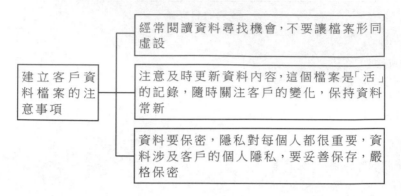

(2)通過各種方式與客戶聯繫

表 8-4　營業員與客戶保持聯繫的方法

聯繫方式	具體做法
親自訪問	營業員要經常遍訪所有客戶實在不易，但一年到頭都不去拜訪也不可取。可以選擇最方便最重要的時候去訪問一下，營業員的關心自然會贏得客戶的信賴
電話	省時省力的辦法，一個適時的電話應該既有禮貌又熱情
書信或 E-mail	文字是經過思考的表達，更用心也更令人感動。信件不要太長，最好簡單表達問候，可隨附一些相關信息資料
賀卡或 禮品	在節日、客戶生日或喜慶日、紀念日之時，寄上一張賀卡，寥寥數行字的問候、祝願會使客戶感受到你的關懷、熱心
小型聚會	在經濟、時間各方面條件允許時，組織客戶參加一些小型客戶聯誼或者公司的愛心回饋等活動

現代通訊方式多種多樣,營業員可以有很多辦法維持與客戶的聯繫,如表 8-4 所示。

交朋友困難,失去朋友容易。為避免失去客戶的信任與好感,與客戶保持良好的關係,除了通過以上幾種方式聯繫外,還要注意聯繫時的一些問題,如圖 8-11 所示。

圖 8-11 營業員與客戶聯繫時的注意事項

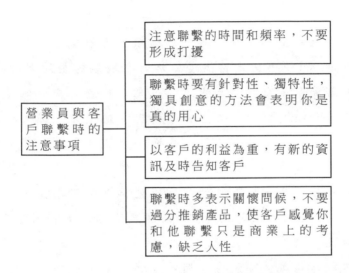

總之,與客戶聯繫時需熱情、貼心、禮貌,防止好心辦壞事,引起客戶反感,得不償失。通過不同方式與客戶保持聯繫,建立長期合作關係甚至是朋友關係,可以使營業員在工作中少花很多精力。

四、疏忽問題

許多營業員都十分注意在遭遇挫折、失敗後及時發現問題、總結教訓,但成功之後卻都只顧享受勝利的喜悅。俗話說的「結果好就等

於一切好」，這句話並不一定有道理。營業員成功談完了一筆交易，其過程不可能是一帆風順、一路平坦地走來的，必有許多迂迴和曲折，這些都是成功背後的問題。不注意發現這些問題，就不能從成功中獲得經驗。

1. 不注意發現問題的危害

有這樣一個富有哲理的傳說：

有一個盲人，幾十年都走一條路。他對這條路太熟了，熟到知道那一處有塊石頭，那一處有段樹根，那一處有個窪坑。儘管他什麼也看不見，可他走這條道卻如走在坦蕩的平地上。有一天，他從每天都走的一個獨木橋上滑了下來，情急之中，他用手抱住了獨木橋，他把雙腿也攀在了獨木橋上。他咬牙挺著，抱著獨木橋不放，他想，只要有個人從這路過，我就會得救。可是過了很久，沒有人從這走過。求生的本能使他繼續堅持著，可是又過了好久，還是不見人來。長久的等待使他再也堅持不住了，索性一撒手，想一死了之。他萬沒想到，橋離橋底並不太高，也沒有水，不僅沒摔死，甚至沒有受什麼皮肉傷。盲人坐在地上思量良久：為什麼這條路這麼久卻沒有一個人經過？噢！也許人們從別處已找到了近路、平坦路了，根本不走這條路了，我自以為走熟了這條路，殊不知這是一條別人已經不走的路。

若營業員只知道為成功的交易而沾沾自喜，就會像這個盲人一樣，執著於舊路，只熟悉自己的那一套方法，會對自己的工作產生危害。

圖 8-12　不注意發現問題的危害

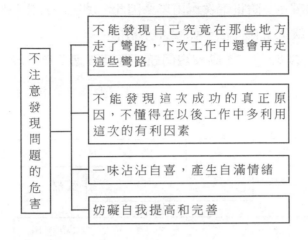

不注意發現問題的危害

- 不能發現自己究竟在那些地方走了彎路，下次工作中還會再走這些彎路
- 不能發現這次成功的真正原因，不懂得在以後工作中多利用這次的有利因素
- 一味沾沾自喜，產生自滿情緒
- 妨礙自我提高和完善

2.不斷發現問題，不斷改進方法

有一位營業員向一個客戶推銷辦公用品，幾次接觸下來，本來可以談妥了，客戶的態度卻突然冷淡下來。營業員不明所以，只得十分誠懇地堅持與客戶聯繫，終於打動了客戶，簽了一單不小的生意。

交易完成後，營業員不禁暗自慶倖自己當初鍥而不捨與客戶交流的勇氣，不致使一個大客戶溜走。但慶倖之餘他又開始思考，為什麼當時就要談成的事，客戶馬上發生了那麼大的態度轉變，害自己又花費了很多力氣才最終敲定。他將這次交易的前前後後都仔細回顧了一遍，突然發現，原來有一次拜訪這個客戶時，他跟客戶開了一個不太合適的玩笑，說了句：「那不是禿子頭上的蝨子——明擺著嗎？」他猛然想起原來這個客戶也是有些禿頭的。想到這些，營業員不住地提醒自己：「一句話說錯就走了這麼多彎路，以後一定要說話小心，不可亂開玩笑啊！」

這是一位有頭腦的營業員，他在取得訂單後不是只得意於挽救了

一場幾乎泡湯的大生意，而是去反思當初這筆生意為什麼瀕臨失敗，發現了癥結所在，防止下次再出現。因此，聰明的營業員應學會不斷發現問題、改進工作方法。如圖 8-13 所示。

圖 8-13　不斷發現問題，不斷改進工作方法

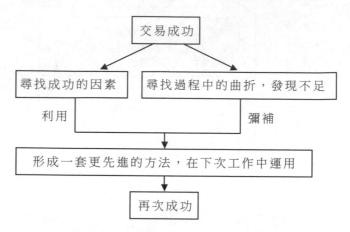

五、營業員不願意學習

即使是最成功、最有影響的人物，也總不會是全知全能的，總會有不是之處，總會有不如別人的地方。營業員不應在嘗到幾次成功之果後就停止學習。

1. 不願意學習的危害

所謂「學無止境」。人的一生就是不斷學習、充實的一生，若不願意學習，便會止步不前；自己不學習，別人卻一直學習，事實上自己已經落後了。對營業員來說，不願意學習的危害如圖 8-14 所示。

圖 8-14　營業員不願意學習的危害

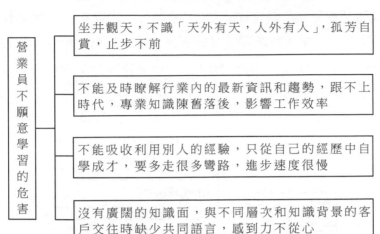

營業員不願意學習的危害

坐井觀天，不識「天外有天，人外有人」，孤芳自賞，止步不前

不能及時瞭解行業內的最新資訊和趨勢，跟不上時代，專業知識陳舊落後，影響工作效率

不能吸收利用別人的經驗，只從自己的經歷中自學成才，要多走很多彎路，進步速度很慢

沒有廣闊的知識面，與不同層次和知識背景的客戶交往時缺少共同語言，感到力不從心

2.學無止境

專業的營業員很清楚他們需要不斷學習，知識就代表著一種實力。知識越豐富扎實的人，其工作的計劃力也就越強，能為客戶提供的服務也就越多，從而就越受客戶歡迎，越容易走向成功。

身為營業員，必須學習的知識確實不少，而且每個業務人員學習的知識內容也不盡相同。

圖 8-15　營業員要學習的內容

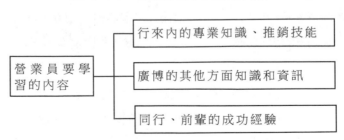

營業員要學習的內容

行來內的專業知識、推銷技能

廣博的其他方面知識和資訊

同行、前輩的成功經驗

(1)行業內的專業知識、推銷技能

營業員首先要「精」而「專」,成為行業內的頂尖。無論你推銷什麼產品,一定要成為該類產品的專家,這樣才有權威性,使客戶產生信賴感。此外,還要學習推銷技巧,如何尋找客戶?如何電話約談?如何面談?如何傳單……

圖 8-16 營業員應具備的專業知識

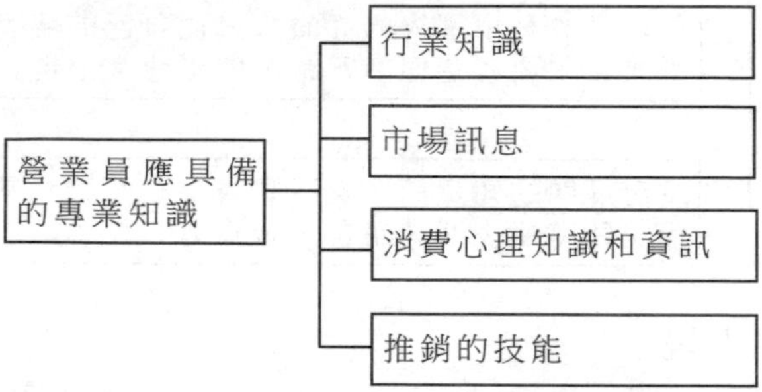

(2)廣博的其他方面的知識和資訊

除了要「精」而「專」,營業員還須「廣」而「博」。現今人才更看重「通才」,何況營業員的行業特點就是要和各個層次的人打交道,更應廣泛汲取其他行業的知識。

日本推銷專家原一平為了增加自己的知識基礎,每個星期都到圖書館堅持看書。原一平的「輪盤話術」不斷變化主題,就是建立在擁有廣博的生活知識的基礎上,才能和不同的客戶溝通交流,引起對方的興趣。

世界上知名的營業員,都是這樣充分利用閒暇時間或安排固定時間廣泛涉獵各方面的知識,以擴大自己的視野,豐富自己的話題。

營業員應學習的業外知識如圖 8-17 所示。

圖 8-17　營業員應掌握的業外知識

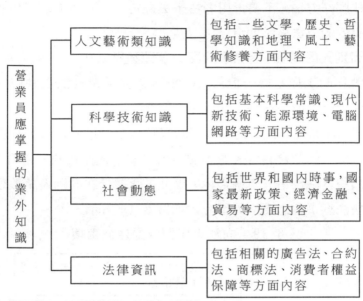

(3)同行、前輩的成功經驗

　　如果說成功有什麼捷徑的話，那就是學習別人成功的經驗。要縮短你成功的時間的最佳方法就是找到該領域中的成功者，虛心向他們學習。

圖 8-18　應向成功者學習的內容

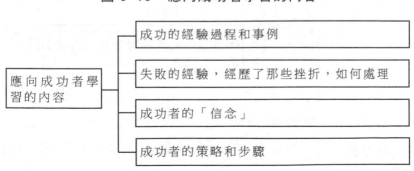

　　如果你發覺過去的方法不是很好的話，就應立刻改變方向，看看別人有什麼好方法，不要再用老法子去碰運氣，不妨借鑑成功者已經證明的有效的方法來幫助自己。

　　學習別人的經驗，有機會的話去聽聽業界成功人士的演講，或看看他們著作的工作心得，但更多情況下需要營業員去主動向別人請教，向他們學習成功經驗，如圖 8-18 所示。

　　此外，應當注意到，雖然真正的成功者是樂於同別人分享他們的經驗的，但可能還會有些人並不想將自己的「獨家秘訣」告訴別人，更何況那些經驗也不一定適合你。因此，營業員在向別人請教學習時也有一些注意事項需要格外留心。如圖 8-19 所示。

圖 8-19　向別人學習時的注意事項

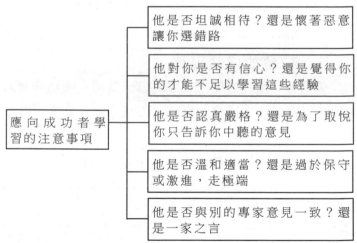

　　營業員應考慮到這些問題，來確定別人的經驗是否適合自己，使其真正為我所用，推動自己的事業。「工欲善其事，必先利其器」，多學習，掌握盡可能多的知識技能，「技不壓身」，日後工作中總會用到的。

第 九 章

營業部主管的管理策略

　　銷售部門以業績論收入的性質，決定了從事這一崗位工作的不穩定性和極大的流動性，也註定了在對這支隊伍進行管理的時候要面臨這樣那樣的困擾與難題：如銷量不佳，銷售人員積極性不高；有組織無紀律，拉幫結派，各占山頭封王；竄貨、亂價、虛報廣告費用、截留贈送品；銷售人員小富即安，業績增長率低，無長遠規劃，無品牌意識；人員工資性支出大，坐吃費用，行銷腐敗，企業行銷成本高居不下；人員流動大，優秀人才留不住，不該走的都走了，該走的一個沒少；惡意控制銷售進度，賺取提成、獎勵等等，諸如此類問題屢見不鮮。如何管理好銷售團隊，讓企業持續盈利並有效開源節流，就成為所有銷售團隊管理者工作的重中之重了。

一、如何面對團隊老化現象

　　銷售團隊發展到一定階段就會進入團隊老化階段，表現為團隊持

續增長能力下降，團隊凝聚力弱化等，歸納起來團隊老化現象會體現在多個方面：觀念老化、情感老化、職業道德老化、能力老化、心態老化、精神狀態老化等。團隊老化的成因比較複雜，有來自隊員自身缺乏「永動力」的因素，更多的是來自外部，來自環境，來自銷售團隊。其中有幾點原因是顯而易見的：

一是企業沒有希望，或者說是員工看不到企業的希望。

二是組織缺乏激勵機制，幹好幹壞一個樣，想幹的和不想幹的、會幹的和不會幹的收入差距沒拉開。

三是官僚機制制約市場機制，會幹活的不如會當官的，跑市場的不如跑官的。幾乎所有的企業都很少有下屬的收入超過上司，即使有也很短暫。打擊了員工的積極性。

團隊老化還表現在管理者的老化和組織上的老化：

一是組織內部的不團結，而不能使整個團隊形成為了一個共同目標而努力的有機整體，把企業弄得像一個官場。

二是不懂管理，不懂業務知識，更說不上創新，形成行為上的「三拍」作風——明知任務完不成，為保自己的位置先拍胸脯答應下來，然後拍下屬的肩膀，毫不負責任地把工作任務隨便分給下屬，最後工作任務無法完成時拍桌子罵人，把責任推給下屬。

三是前後方相互推拖、相互牽制，甚至遇到具體問題時相互推諉，以執行公司制度為名設置阻礙。想做事的人做不了事，也不知道該找誰發火，致使企業內部公關難度大於企業外部公關。

四是強調主管的權威，頤指氣使，靠權謀而管理。如果在團隊內部出現這些現象，就會使團隊成員的積極性遭到打擊，使團隊管理失去意義。

解決團隊老化，首先要解決的是人的態度問題。喚起人的慾望是

一切管理和培訓的基礎，可以說好的團隊首腦無一不是優秀的鼓動者，先為隊員描繪出一幅最新最美的圖畫，讓隊員願意幹，再身先士卒、衝鋒陷陣讓隊員跟著幹。主管在管理團隊的時候，在員工中樹立共同的願景，讓員工具有積極向上的強烈慾望，賦予團隊以新的活力，解決團隊的老化問題。

樹立共同的願景也是管理成本最低的一種管理方法，因為它極人地激發了人的主動性，使得人們設法為實現共同的夢想而奮鬥，最好的例子就是宗教，它沒有什麼控制體系、績效考核，但每個人都願意為之付出一切。

如果所有的員工都有了這樣一個共同的願景，那麼就會給員工帶來持續的發展能力，不斷調整自己的行為去為這個共同目標而努力。當然這個共同的願景是隨著企業的發展以及企業所面臨的環境的變化而變化的，主管在進行團隊管理的時候應該不斷與員工之間進行溝通，促進共同願景的不斷完善和發展，從而給員工帶來持續的發展動力，避免團隊老化的出現。

二、銷售員生涯各期間的激勵

銷售職業生涯，在士氣和心態上，恰好展示了絕大部份銷售人員都會經歷的銷售人員士氣波動六個區間。

這六個區間可以說是銷售員在銷售職業生涯中士氣波動的必經之路，銷售部門管理者可以用這個區間分析自己團隊中的銷售員分別處於 6 個區間中的那個位置，並且對處於不同區間的銷售人員分別採取差別化的激勵措施和策略，以做到「因區間而異」地實施激勵。

雖然銷售管理者對處於每個士氣波動區間的銷售人員都必須關

注，但有兩個區間是需要格外重視和特別關注的。第一個是銷售新人最感到痛苦和艱難的「迷茫期」，很多銷售新人由於沒有能走出心理上的「迷茫期」而流失，因此「迷茫期」是銷售管理者挽救銷售新人的「生命線」，在這個階段必須透過激勵、輔導、資源支援等方式協助。

另一個更需要給予關注的區間則是「倦怠期」，往往工作年限長的老銷售人員極有可能陷入「職業倦怠」，開始追求安逸和穩定，不願意挑戰自我，不願意開拓市場，甚至消極懈怠。「倦怠期」之所要格外加以重視，是因為老銷售人員的士氣表現是一把「雙刃劍」。努力拼搏，積極向上，不斷挑戰自我的老銷售人員會對銷售新人產生無與倫比的正向激勵和正面引導，而消極怠工，尋求安穩，四處抱怨的老銷售人員則會對銷售新人產生難以估量的負面示範和負向激勵。

因此，銷售管理者必須花費更多的精力和心思去激勵處於「倦怠期」的老銷售人員，透過老銷售人員的重新振作和重新起飛來更好地帶動新銷售人員的士氣和激情。

表 9-1　銷售員士氣波動的六個區間

銷售士氣波動六個區間	具體特徵
興奮期	剛加入銷售團隊不久，對新崗位、新行業、新挑戰充滿期待，希望和好奇，特別是如果團隊的入職培訓做得好，會讓新入團隊的銷售人員鬥志昂揚
迷茫期	開始承擔銷售指標和獨立拜訪客戶後，遇到很多問題和挑戰，在四處碰壁和冷淡拒絕之下看不到希望，心灰意冷
磨合期	在同事、主管和客戶的認可和鼓勵下開始逐步適應，增強自信，心態波動逐漸變小，開始學會自我調節和自我激勵
徘徊期	心態隨著業績的波動而波動，業績好或者工作開展順利時士氣高昂，業績不好或者遇到不順利時士氣低落
穩定期	心態平穩，士氣保持高昂，不斷進行自我調整。心態和士氣不太受外界環境和結果的影響，銷售心態開始成熟和穩定
倦怠期	失去對銷售和本職工作的動力和衝勁，日趨安於現狀，追求工作的舒適和安逸，不太願意做開發新客戶等具有挑戰性和辛苦程度高的工作

三、解決營業主管與部屬的衝突

（一）揭發問題根源的方向

營業員和業務部主管之間的衝突是無法避免的，不過，如果業務部主管知道如何管理問題營業員，並承認他自己所造成的問題，這項衝突的破壞性還是可以減到最低程度的。

業績下降時，業務部主管常常試圖擺脫自己的直接責任，他們指責產品、競爭、客戶、廣告、營業員的不是，而不承認自己在管理營業員方面的缺陷，也拒絕承認衝突的存在。一旦事情爆發，就有人必須辭職了。

當然，認識問題、發掘潛在問題的能力需要天生的敏感性以及後天的訓練。

1.發生了什麼事情？

我之所見（營業員忙著對抗我，忘了推銷產品）

營業員所見（業務部主管逼得太緊了，他不斷和我們作對。）

2.誰牽涉在內，或可能牽涉在內？

（本地區大多數營業員都在抵制我，只有少數營業員間接牽涉在內，在外觀望，隨時可能加入這場戰爭。）

3.以前曾經應付過類似的問題嗎？

（我做營業員時，曾因推銷過度，和鄰區的幾位營業員發生衝突。）

4.這個問題發生多久了？

（大約五到六個月。）

5.這個問題有多嚴重？

（本地區的業績下降10%，我的主管已經開始責怪我。）

6.如果我現在不採取行動，情況是否可能惡化

（如果我不採取行動，我可能立刻被開除）

7.怎麼會造成這一問題？

（我想我要負大部份責任，我管理問題營業員的方法不當。）

8.如果無法解決問題，會有什麼情況發生？

（我被開除！）

9.有多少時間來解決這個問題？

（我必須在 60 天之內提出情況改變的證據，並在 6 個月之內完全改變這一情勢。）

10.願意作何犧牲？

（大幅放寬管制，我願意做任何合理的讓步。）

（二）問題研判

1.發生什麼事情？

你之所見，可能是事情的真相，但是，另一方的看法，可能完全不同。所以第一個問題的答案，你可能認為是營業員忙著對抗你，而忘了推銷產品。然而，他們可能覺得是你逼得太緊了。你必須努力指出彼此間不同的觀點，這對問題的解決，非常重要。

2.誰牽涉在內，或可能牽涉在內？

你可能認為，只有一位營業員對你不滿。實際上，其他的營業員也可能牽涉在內。他們將興致勃勃地注意事情的發展，也可能轉而支持他們的同伴。

3.以前曾經應付過類似的問題嗎？

如果同樣的問題再度發生，就表示你很可能處理問題不當，然而，如果發生的問題和以前類似，你就可以利用過去的經驗來處理問題。

4.這個問題發生多久了？

目前的問題可能尚未造成任何重大損害，可能還有機會避免問題的擴大。很顯然，你必須在問題擴散前，立刻承認這個正在發展中的問題，並瞭解其來龍去脈。

5.這個問題有多嚴重？

問題營業員會剝奪你的時間，所有的營業員可能故作姿態，但並不一定有害。你必須選擇嚴重的問題，優先解決；你必須判斷，目前這個問題可能造成多大的損害。

6.如果現在不採取行動，情況是否可能惡化？

這個問題可能不需立刻採取行動，只要注意它的發展，情勢則有可能自行改善；或在稍後以更多的時間來處理這個問題。

7.怎麼會造成這一問題？

人最能控制的是自己，所以，你有必要完全瞭解，你對這一問題應負的責任，如果是你錯了，問題便很容易解決，你只需停止做以前的錯事就可以了。

8.如果無法解決這一問題，會有什麼情況發生？

你必須問你自己，無法解決問題的後果是什麼？當你瞭解你的損失之後，很可能協助你解決最初似乎無法解決的問題。

9.有多少時間來解決這一問題？

太晚解決問題，和完全沒有解決問題一樣糟糕。如果你碰到嚴重而緊急的問題，必須立即解決，你可能必須將其他事情擺在一邊，集

中精神來解決這一問題。必要時，甚至可以要求外來的協助。

10.願意作何犧牲？

你之所以花費大量時間、精力，來解決問題，理由只有一個，那就是你害怕無法解決問題的後果。因此，你可能也願意作某些實質的讓步，來交換問題營業員的讓步，從而解除你的危機。

四、營業員素質的分析

當你遇到一位問題營業員時，你可能很難決定，這究竟是人的問題，還是環境的問題，如果是人的問題，他值得你花費精力去改變他嗎？他曾是一位好營業員嗎？

業務部主管有時不願承認，一位問題營業員無可救藥。不過，你仍值得事先假定，問題營業員是可以治癒的。如果你認為你瞭解整個形勢，知道營業員對你和同事的態度、他的工作表現以及他的動機，你就可以開始選擇正確的策略來管理他了。

以下是一位問題營業員的初步跡象。業務部主管對他說：

「你最近似乎不怎麼努力；你一直埋怨我的管理方式；每次我和你一起工作時，你都不說話；我認為你是故意和李賓打架。」

這位營業員正告訴你，他不喜歡你管理他的方式。他已經成為一位問題營業員。在你尋求為什麼造成這一形勢的原因之前，你必須決定，這位營業員是否值得改變？你是否有改變他的機會？「問題營業員評分表」中，將協助你解答這些問題。

表 9-2 問題營業員評分表

第一部份——他值得改變嗎？

	高			中				低	
10	9	8	7	6	5	4	3	2	1

	10	9	8	7	6	5	4	3	2	1	
1. 合格											不合格
2. 參與											疏離
3. 勤奮											懶惰
4. 合作											不合作
5. 負責											不負責
6. 誠實											不誠實
7. 樂觀											悲觀
8. 熱心											冷漠
9. 獨立											依賴
10. 自信											自疑

80～100 分　這位營業員值得你全力改變他。

60～79 分　仔細考慮評分低於中等的項目，這些個性可以克服嗎？這位營業員可能值得改變。

60 分以下　這位營業員的缺點太多，他可能不值得改變。

如果你對營業員的評分高於 60 分，則繼續進行第二部份的評分。

第二部份——他可能改變嗎？

	高			中			低			
	10	9	8	7	6	5	4	3	2	1	
1. 隨和											固執
2. 信任											懷疑
3. 開放											閉塞
4. 可溝通											不願溝通
5. 成熟											幼稚
6. 滿足											不滿足
7. 自知											自欺
8. 溫和											暴躁
9. 接納											挑毛病
10. 實際											不實際

總分：

80～100分 這位營業員可以改變，他的個性使他比較容易接受改變。

60～79分 這位營業員可能難以改變。

60分以下 這位營業員可能無法改變，如果他在第一部份得分很高，可以盡力加以改變，否則你必須開始找人接替他。

這位營業員是否值得改變

1.他合格嗎？

這位營業員可能選錯了行。他的條件也許不適合做營業員，絕不要忽視這項事實。

2.他積極參與嗎？

他會和你以及其他營業員一起努力，以達成你們的目標嗎？他會疏離你們嗎？他只對他自己有興趣，而不願幫助其他人嗎？他的態度可能是煩惱的來源。

3.他勤奮嗎？

懶惰可能表示他缺乏動機，甚至可能意指他不喜歡這份工作。

4.他合作嗎？

他是那種願意嘗試任何事實的營業員嗎？還是根本不合作，在還沒嘗試之前就大聲抱怨，只顧自己利益的營業員？

5.他負責嗎？

當你派給他一項任務時，你是否可以確定他將盡最大的努力達成？或者他是那種輕易放棄，不願接受責任的營業員。

6.他誠實嗎？

你應該開除你不信任的營業員。然而，誠實與不誠實的界線，很難劃分，有時候，輕度的不誠實，如自誇，還是可以或多或少的接受。

7.他樂觀嗎？

這並不表示你應該處於樂觀者之中，但是，悲觀者也無法鼓舞士氣。

8.他熱心嗎？

他曾捲起袖子，自願工作嗎？老營業員一般都比較不熱心，有時會變得很冷漠。

9.他獨立嗎？

雖然營業員依賴你並不是一件壞事，但是這種營業員太多就會形成一個額外的負擔。很顯然一位有思考力、想像力和判斷力的營業員，能夠對你有所幫助。

10.他自信嗎？

如果營業員對他自己沒有信心，他的客戶也不會相信他。如果他自己懷疑自己，他將不願冒險，因而抗拒變革。

這位營業員是否可能改變

1.他隨和嗎？

你必須把他擊倒，才能改變他的心意嗎？他能夠立即接受合理的建議嗎？你並不要一個「唯唯諾諾」的人，但是，太固執的營業員也難以管理。

2.他信任別人嗎？

他是那種隨時懷疑別人，嚴密保護自己且經常追查隱情的人嗎？他信任你嗎？（假定你沒有做過任何使他不信任之事）

3.他開放嗎？

他將試試你的構想嗎？或者他是那種思考範圍非常狹窄的人——窄得容不下變革嗎？

4.他可以溝通嗎？

如果你問他，什麼事情使他煩惱，他會告訴你嗎？或者他不願意溝通，而隱藏自己真實的感受？

5.他成熟嗎？

有些營業員從大學畢業就已相當成熟，但是有些廿歲上下的新手，仍然像未長大的孩子。成熟的營業員思考縝密，不會讓感情主宰

他的行動。

五、可行的方案與效果預測

你將會發現，應付問題營業員的方法很多，絕不只一個。假如你是南部地區的業務部主管，最近六個月以來，業績一直都在下降，這是以前從來沒有過的現象，你可能採取許多行動，來阻止業績滑落，在你研究全盤情勢之後，可將可行方案縮減至以下四項：

1.設定今年每個月的月份業績目標，目標儘量明確，同時通知營業員，如果目標未能達成，你將施以嚴厲的懲罰。

2.建立一項特別的獎勵制度，業績增加的營業員將立刻得到非常吸引人的報酬。

3.立即開除業績低落的營業員，並招募新進營業員，予以遞補。

4.召開集體會議，或舉行個別會談以解決問題，並瞭解到底發生了什麼事。

假設業務部主管選擇第一個可行方案，並付諸實施，最後可能發生以下的結果：

(1)所有的營業員都屈服在懲罰的威脅之下，盡力達成目標，業務部主管得意洋洋，以為他的問題已經解決了。但是到了年底，客戶開始退貨，最初退的貨還不算多，後來竟愈來愈多，使得公司難以招架。最後，地區業務部主管終於被調回總公司受訓。事實上，業績劇降加上嚴重退貨，可能使他喪失工作。

(2)一些營業員並不理會這項目標，但也受到懲罰，這使得士氣大降，業績更加跌落。

(3)沒有任何營業員理會這項目標，他們都受到懲罰，因此，士

氣普遍低落，業績更為低落。同時，不滿的營業員組成非正式派系，開始對抗嚴厲的懲罰，最初僅是默默的對抗，後來更轉為公開的對抗。最後，業務部主管終於向營業員低頭。

業務部主管在採取行動之前，應該先行預測此一行動的後果。預測不一定正確，但是至少可以瞭解可能的反應，業務部主管的預測經驗增加之後，他們將會發現，預測的正確性已大為增進。更重要的是，他們將可以經由預測所有可能的反應，避免許多潛在的嚴重問題。

如果一位業務部主管懷疑他的管理方式有所缺陷，不能激勵營業員，甚至使得營業員與他逐漸疏遠，他就應該自我分析了。一個人很難承認自己的缺點，所以自我分析可能很痛苦、很沮喪。

六、問題業務部主管的自我分析

1.你認為，營業員將如何形容你？

優點（公平、誠實、積極、坦白、可靠）

缺點（暴躁、頑固、遲鈍、高高在上）

2.你對營業員有差別待遇嗎？

（我給予我信任的營業員更大的行動自由，特別是資深的營業員。）

3.你的態度如何影響你對待營業員的方式？

（我比較不能容忍那些工作態度輕率的年輕人。）

4.你的行動是否一致？你最近是否有所改變？

（在上一次的業績競賽中，我對資深營業員特別嚴厲。）

5.你有多大的彈性，來適應營業員的需要？

（我發現，我很難改變我的計劃。）

6.你如何運用你的職權？

（我常壓抑營業員的抱怨。）

7.你允許多大程度的獨立行動自由？

（我嚴格限制獨立行動。）

8.你如何建立你的信譽？

（我堅守我的承諾，而且我的考評非常公正。）

9.你在壓力下，是否有不同的行為？

（我變得更固執。）

10.你必須作何改進？

（我應該放寬對營業員的要求，尤其是年輕營業員，我應該學習接受合理的抱怨。）

七、您的行動準則

1.你認為，營業員將如何形容你？

準備兩欄，第一欄列出你的人格優點，第二欄列出你的人格缺點。在第二欄中，你將發現你的問題來源。在第一欄中，你將發現克服你的問題的方法。

2.你對營業員有差別待遇嗎？

很自然地，你會比較喜歡某些人，而我們經常會偏袒我們喜歡的人。然而，如果你的偏愛，嚴重影響到你對營業員的待遇，那些覺得沒有得到平等待遇的營業員，將會大受挫折。

3.你的態度如何影響你對待營業員的方式？

你可能要在心理分析專家的睡椅上躺個十年，才會真正瞭解你自己。現在，你只要在家裏的躺椅上，舒舒服服地花幾個鐘頭，想想你

的所作所為，以及為什麼會這樣做，你將會驚訝，這種「運動」對你的幫助有多大。

4.你的行動是否一致？你最近是否有所改變？

在處理一項長期的問題時，你可能發現，前後一致的行動對營業員有累積的效果。另一方面，如果你最近處理過一項問題，檢討一下你是否有所改變，尤其是令營業員不滿的改變。

5.你有多大的彈性，來適應營業員的需要？

業務部主管與營業員之間的關係不斷地在改變，除非你調整你的管理方式，以適應關係的改變，否則你將陷入困境。

6.你如何運用你的職權？

一些業務部主管常以職權來壓抑營業員的不滿。另外有一些業務部主管忽視職權，甚至在必要時，也不願運用職權。業務部主管應該以他的敏感性，從營業員的反應當中，確定他是否適當地運用了職權。

7.你允許多大的獨立行動自由？

一些業務部主管在管理新進營業員時，極具效率，因為新進營業員一般都比較依賴業務部主管。但是，當營業員從工作崗位上成熟，對自己具有信心時，他們自然希望獨立作業，控制太過嚴格的業務部主管將引起他們的不滿，這將會造成重大的損失，因為成熟的營業員正處於業績的巔峰時期。

8.你如何建立你的信譽？

這裏所指的不是你最近所做的事，而是你長久以來的所作所為。營業員可能會忽略一兩次不公平的待遇，只要你可以向他證明，你有意協助他滿足需求。

9.你在壓力下，是否有不同的行為？

營業員可能稱讚你是一位善解人意而公平的經理，然而，這項聲

譽可能是在「太平時期」贏得的。一旦情勢轉壞，你的管理形態是否有所改變。營業員無法忍受朝令夕改的經理，他們需要前後一致的政策。

10.你必須作何改進？

一些業務部主管以為他們無法改變已根深蒂固的行為和想法，但是他們錯了，必要時，他們可以大幅改變他們的管理方式。否則，他們自己所創造的問題，將危及他們的事業。

業務部主管可以採取許多行動方案，管理問題營業員。其中一些方案可能澄清整個混亂的局勢，另一些方案可能加速情勢惡化。因此，業務部主管在採取行動之前應該先行預測營業員的可能反應。特別重要的是，業務部主管應該瞭解並承認他所造成的問題以及問題形成的原因。業務部主管管理問題營業員的方法必須改善，才能使惡劣的形勢開始好轉。

第 十 章

如何管理明星型營業員

明星型營業員的野心大，他也許希望成為一位業務部主管，但是公司不一定有經理的空缺，而且他可能從未「準備」成為一位經理。

以下是一封遞給地區業務部主管的辭職信內容。

「非常抱歉，我要提出辭呈……

就你所知，這五年來，我已兩度贏得『今年最優秀營業員』獎狀。我的業績每年都增加 15%以上，去年我更是贏得非曲直春季銷售大賽。我的平均銷售額一直都是本地區最高的，而且我每年的考績，都是最優等。

雖然我得到紅利，我的薪資也不斷增加，我的努力得到報酬，而且我喜歡為公司做事。但是，我卻不滿足，我希望成為一位經理。」

你將如何回覆這封辭職信呢？

一、潛在問題研討

業務部主管首先必須考慮以下幾個有衝突的問題：

1. 業務部主管應該晉升明星營業員，而喪失一位得力的營業員嗎？

雖然招募、訓練一位合格的營業員，可能需要 6～12 個月的時間，而且他的能力可能不如明星營業員。

然而，一位優秀的業務部主管在接受這項不可避免的損失的同時，他還應鼓勵、協助條件良好的明星營業員達成晉升的目標。否則，他也將失去他們——明星營業員也許會跳槽到另一家公司。

2. 業務部主管是否應該向營業員承諾他的晉升，或者向主管建議他的晉升？即使他可能無法履行這項承諾。

地區業務部主管可能認為他的營業員條件很好，夠資格晉升。但是，其他業務部主管也可能提出夠格的營業員，來競爭晉升。所以，你可能無法實現「再跟我一年，你將得到晉升」的承諾。然而，業務部主管可以承諾、建議晉升，並予以支持。當然，在這種情況下，無法給出確定的晉升時間。

3. 明星營業員如果缺乏重要條件，無法晉升時，業務部主管是否應該冒著失去明星營業員的風險，告訴他實情？

業務部主管需要勇氣和技巧，才能向明星營業員的自我印象挑戰。這項挑戰並不愉快，最理想的方法是讓明星營業員自己承認他的缺點。下面一項分成三部份的方案，對業務部主管將有很大的幫助。

(1)先假定明星營業員是一位具有晉升潛力的經理候選人，和他一起填答「未來經理之資格評估表。」

(2)對明星營業員的弱點，達成共同協議，並安排一項特別的管理任務，進一步提高營業員的管理能力

(3)安排定期的檢討會議，決定明星營業員在公司管理發展計劃書中的進展。

二、選擇行動方案

請就下列可行方案選擇一項，並詳閱下節的潛在問題研討之後，再閱讀後面的行動方案分析，檢討你的決定。

⑴接受辭呈，拒絕明星營業員的升遷要求，而且不採取任何進一步的行動。

⑵儘量的挽留明星營業員。誠懇地向他保證，一有空缺，立即推薦他晉升。

⑶評估明星營業員的管理能力，如果他符合基本條件，協助他達成目標。

⑷大幅提高明星營業員的薪資並提供他特別的工作獎金。

三、業務部主管之評估

大多數業務部主管第一次填答「未來業務部主管之資格評估表」時，會發現們們在許多評估項目上都填答「不知道」。這是因為他們並沒有真正瞭解屬下的能力。因此，他們最好先為經理候選人安排一些特別的管理任務，有系統地觀察候選人的能力，等兩、三個月以後，再來填答「資格評估表」。

在這個起始階段，業務部主管應該審查明星營業員以往提出的業

務報告，以評估明星營業員在語言和數字上的基本能力。同時，業務部主管應該廣泛瞭解明星營業員的專業技術，判斷能力、思考能力、計劃能力、人格特質、以及做人處事的態度等等，此外，在業務會議中，也可以看出營業員的人際關係：他如何與群體配合？他是否瞭解他的需求和希望？以及他是否能自我約束？

不過，業務部主管用以瞭解營業員的最重要工具，還需要不斷地會談：面對面會談，文字會談和電話會談。雙向溝通將協助業務部主管瞭解營業員的態度，營業員也將更為瞭解他是否適合進入管理階段。在整個評估過程中，「未來業務部主管之資格評估表」將引導業務部主管尋求有關業務部主管候選人的資料。

表 11-1　未來業務部主管之資格評估表

未來業務部主管之資格評估表

請在「是」、「不是」和「不知道」三個答案中選擇一個。

一、基本條件

1.他有良好的語文和數字能力嗎？

　是□　不是□　不知道□

2.他有良好的專業技術——產品知識以及銷售技術嗎？

　是□　不是□　不知道□

3.他有良好的判斷能力嗎？

　是□　不是□　不知道□

4.他能夠適應情況的改變嗎？

　是□　不是□　不知道□

5.他會考慮自己嗎？

　是□　不是□　不知道□

二、工作習慣

1.他計劃自己的時間和工作順序嗎？

　是☐　不是☐　不知道☐

2.他和同事、主管合作嗎？

　是☐　不是☐　不知道☐

3.他能對問題保持警覺性，預先考慮問題的發生嗎？

　是☐　不是☐　不知道☐

4.他願意接受例行而瑣碎的工作嗎？

　是☐　不是☐　不知道☐

5.他工作努力而具有效率嗎？

　是☐　不是☐　不知道☐

三、人際關係

1.他對別人的需求和希望是否敏感？

　是☐　不是☐　不知道☐

2.他和別人相處得很好嗎？

　是☐　不是☐　不知道☐

3.他有群體意識嗎？

　是☐　不是☐　不知道☐

4.他很圓滑嗎？

　是☐　不是☐　不知道☐

四、態度

對自己的態度：

1.他有自信嗎？

　是☐　不是☐　不知道☐

2.他對自己真誠嗎？

是□　不是□　不知道□

3.他有高度的自尊嗎？

是□　不是□　不知道□

其他的態度：

1.他尊重主管嗎？

是□　不是□　不知道□

2.他是否秉公處理相反的意見？

是□　不是□　不知道□

3.他接受批評嗎？

是□　不是□　不知道□

4.他關心身份地位嗎？

是□　不是□　不知道□

對管理的態度：

1.他希望管理別人嗎？

是□　不是□　不知道□

2.他希望有行動的自由嗎

是□　不是□　不知道□

3.他瞭解紀律的重要性和需要嗎？

是□　不是□　不知道□

計分方法：「是」+4 分，「不是」-8 分，「不知道」+1 分。

90 分～100 分：優良的候選取人。現在，你只要全面調查「不是」的項目，決定如何克服他的缺點。同時，再累積更多的資料，以回答「不知道」的項目。

　　80 分～89 分：資格存疑。如果「不知道」的答案超出 4 個，你必須用多加瞭解候選人並在未來適當的時間，再度填答「資格評估表」。

　　80 分以下：你認為此一候選取人不適合成為一位業務部主管。如果你確定你的評分無誤，你就要更努力協助這位營業員瞭解他自己的缺點。

四、特別的管理任務

　　業務部主管可以假定這位想要升為業務部主管的明星營業員具有晉升潛力，先給他一些特別的管理任務。明星營業員可以借此機會獲得管理技能，並瞭解管理工作。最重要的是，業務部主管可以證實或推翻他對明星營業員的初步評價。

　　業務部主管若沒有聽聽明星營業員的聲音，絕不可能知道他唱得有多好。當然，這個測驗也要給營業員一個自我學習的機會。明星營業員瞭解管理工作的條件之後，他可能發現他並不是真的想做一位業務部主管；也可能發現，他還缺乏重要的條件。

表 11-2　特別的管理任務

一、任用任務
1.招募員工。　　2.面談口試。　　3.審核履歷資格。
二、訓練任務
1.訓練新進營業員。
2.在銷售會議上發表特別談話。
3.參加沒有主席的小組會談。
三、計劃和訓練任務
1.協助擬定新地區的銷售計劃，或修改原定銷售計劃。

2.提出產品銷售預測。

3.協助計劃一項銷售競賽，或是一項特別的推廣活動。

四、主管（指導、激勵、控制）任務

1.向營業員解釋一項新方案。

2.指導實施新計劃。

3.對同事提出建設性批評。

4.分析銷售費用報告。

5.提供有關競爭活動的情報。

五、考評和離職任務

1.觀察離職面談。　　2.審查「偽裝」的同事考評。

註：由於同事的考評具有敏感性，很難讓營業員從事真實的任務。

茲說明以上五項特別管理任務如下：

一、任用任務。

該任務將協助業務部主管候選人學習如何招募和面談應徵員工，並審核他們的履歷資格。很自然的，業務部主管候選人在執行這些任務時，將會瞭解業務部主管的工作負擔。

二、訓練任務。

業務部主管候選人將可藉此機會學習訓練新進營業員，並在無人領導的小組討論會上表現他的能力。他是否能夠成功地參與討論，將視他的觀念是否為群體所接受而定。

三、計劃和組織任務。

這些任務可以測驗營業員分析、推理和創造的能力。

四、主管任務。

這些任務需要營業員指導、協調和控制的能力。明星營業員必須透過其他人來完成這些工作，因此他最好能夠瞭解他人的希望和需要，而不是加以脅迫。

五、考評和離職任務。

業務部主管最重要的功能之一就是考核，這一任務可以使明星營業員更加瞭解考核的工作。

業務部主管可以利用特別的管理任務，讓營業員暫時處在自己的位置，這些任務將可協助業務部主管證實營業員的潛力，並暴露他的缺點。同時，這些任務也可以使營業員認識管理工作，瞭解管理工作牽涉的責任和問題。這可以說服他，當一位業務部主管並不容易，必須有完善的準備。

業務部主管除了協助營業員瞭解管理的工作和責任之外，也應該警告營業員有關管理的「成本」。營業員可能不知道，他也許必須調職，而且可能必須犧牲家庭生活，花費大量的時間在工作上；他可能也未考慮，處理問題營業員所造成的不快。此外，他也應該知道，他正以得心應手的推銷工作交換挫折、煩人的管理工作。

他也應該瞭解，他與其他營業員的關係將會有所改變。作為一位業務部主管，他將較為孤立。業務部主管的工作，不只是聲望和權力，還有許多例行的瑣事，特別是行政負擔。

「未來業務部主管之資格評估表」和「特別的管理任務」，將可以協助業務部主管留住一位珍貴的明星營業員，也可以協助他培養一位未來的業務部主管。

五、行動方案分析

1.接受辭呈

業務部主管固然可接受辭呈，向營業員證明他絕不屈服。但是，這位營業員並不一定真的堅持辭職。因此，公司將喪失一位明星營業員，甚至喪失一位極有潛力的業務部主管。

2.給予晉升承諾

如果這個承諾拖延太久，或是總公司拒絕晉升明星營業員，他可

能會辭職。而且，他很可能會說服其他營業員，認為業務部主管並不可靠。

3.評估明星營業員的管理能力

如果明星營業員真的想要成為一位業務部主管，他需要你的協助。公司也應該給予明星營業員優先的考慮。如果他證明，他能夠完成管理任務，他就應該優先得到晉升。

4.大幅提高薪資，加發特別獎金

一心一意想要成為業務部主管的營業員，很難收買。他可能不把金錢看在眼裏。

明星營業員的業績傑出，他的野心比別人大，他希望成為一位業務部主管。然而，他的業績和野心並不足以使他成為一位業務部主管。而且，從實際的觀點來看，公司可能沒有業務部主管的空缺。

業務部主管應給他提供機會，使他做得像一位業務部主管，而且讓他認為他已被列入考慮範圍。這種特別的管理任務可以給予明星營業員立即的滿足。明星營業員也可以利用這一機會瞭解管理、練習管理，並協助他的業務部主管。

六、如何處理優秀下屬的辭職

當員工對你提出要辭職的問題時，身為主管，你要如何處理問題呢？

沒有什麼事情會比一位關鍵員工提出辭職更讓主管震驚了！誰能代替他？工作如何進行？在感到慌亂之前，要找出該員工辭職的原因是什麼。

要注意到，許多員工的去意並不堅決。他們對離開一家公司去另

一家公司工作的決定並不很確定。如果一次長談不起作用，那就多談幾次，第一次不起作用的論據可能在第二次起作用，並且一定要強調：

1. 你對該員工工作的高度評價。

2. 長期工作所帶來的穩定性。

3. 再次對該員工的工作給予高度評價。

4. 從一個熟悉的工作環境換到一個不熟悉的工作環境可能遇到的問題。

5. 你對員工工作的再一次高度評價。

在許多情況下，主管對此毫無辦法。也許是由於該員工離開本地區，也許是其他單位提供了本單位所不能提供的條件。在這種情況下，要對員工所做的工作表示感謝，並在他離去時表示良好的祝願。

在其他一些情況下，員工則是由於感到不被賞識而跳槽。也許是沒有獲得加薪或得到提升。也許作為主管的你來說，對有價值的員工沒有給予足夠的重視。在這種情況下，你應與他進行一次長談，或承諾在你的職權範圍內給予他額外的津貼，最重要的是對工作成果給予肯定。這樣做可能會留住他。

但不要作你所不能兌現的空頭許諾。除非你有能力做到，否則不要許諾加薪，提升或增加其工作責任。

如果你的這些策略都不起作用，該員工最終辭職了，而且他所具有的才能無可比擬，他的工作也無人能替，這時你該怎麼辦？

1. 你應對這種局面的出現感到慚愧。不要出現只有某一人掌握某些知識與技能，而沒有培訓其他人掌握相關知識與技能的情況。你要為他休假、生病或辭職做準備，不要讓他把重要的公司經營信息裝在腦子裏帶走，而一定要讓他留下書面材料。

2. 要知道部門內沒有誰是必不可少的，包括你自己在內，沒有了

誰，公司都不會倒閉。如果把這個問題看作是無法解決的，這會影響全體員工的士氣。

3. 對該員工的工作要做詳細調查。如果可能的話，在他離開之前與他坐下來回顧一下他所做的工作。先列出重要的問題，然後再列出不太重要的問題，因為一些工作細節將來很可能會對你造成困擾。找個人替換辭職者，並讓這個人與你一起工作，一起按現有的檔記錄開展工作。

4. 把他的工作分給幾個人幹，這會避免給一個人增加太重的負擔。這樣做也會給每個人充分的時間來熟悉工作。

5. 別讓類似的事件再發生，保證每個員工都接受交叉培訓。對公司內每個職位的工作都有預備人員。

第 十 一 章

如何管理潛力型營業員

　　「兩年前我認為，小江潛力十足，條件很好，可以成為一個成功的營業員。他聰明、熱心，表達能力很好，而且只要是他想做的事，他一定努力達成。但是，不知道為什麼，他的業績卻時好時壞。去年春季，他的業績是全公司第一，可是此後業績就一路下降，去年整年的業績反而降至倒數第三名。前年的情況也是一樣，我不知道該如何幫助他？」

　　業務部主管通常都會遇到此類的營業員，他們應該如何處理這些潛力型營業員的問題呢？

一、潛在問題研討

　　業務部主管：「小江，我對你今年的表現非常失望！你的區域是最好的區域，而你的銷售業績卻只比去年增加了 2%，更比預定目標低 10%，我認為，你並沒有盡力。」

營業員:「主管,我的業績目標訂得太高了,而且你也知道,我的區域之中,有一家大型連鎖商店已改向總公司採購。」

小江是否已達成目標呢?這個問題要視「誰的目標」而定,同時也要看業務部主管和營業員所同意的努力水準而定。以上所提的業務部主管,他的期望水準很高,因此,分配到好區域的營業員,必須達成不合理的目標才能滿足這位業務部主管。而區域較差的營業員可能只要有平平的業績,就能夠給業務部主管留下好印象。

業務部主管在決定營業員是否為未達目標的潛力型營業員之前,必須確定,這位營業員是否事先同意業務部主管對他的期望水準。情況最糟糕的是,業務部主管將營業員以往的業績自動作為未來的標準。以往的「最高業績營業員」可能只是碰到一些幸運的情況:天上掉下來的訂單;暫時低落的競爭形勢;或是市場對某一推廣活動的特殊反應。

真正未達目標的潛力型營業員,可能隱藏在業務部主管忽視的銷售地區之中。總而言之,業務部主管應該確定,他所面對的是不是一位真正的潛力型營業員。

假定這位營業員的表現,的確在他的能力之下,業務部主管應該考慮以下四項重要問題:

1.營業員是因為其自我挫敗的個性,而註定失敗嗎?

「我有一幢房子,一部汽車,銀行裏還有一些存款;一年有半個月的假期,參加社團活動也相當活躍,最重要的是,我有時間和家人在一起,我為什麼要更加努力工作?我的工作相當穩定,我可以獲得加薪和紅利。我才不會為了那一點工作獎金,而得心臟病。」

當一位營業員認為,達成目標也得不到任何代價之時,他可能是

在告訴你，未達目標的懲罰並不嚴重。除非業務部主管願意改變獎勵和懲罰制度，使其足以激勵潛力型營業員，否則，他們可能僅僅混到必要的業績而已。

另一方面，營業員故意隱藏實力，因為他們擔心業務部主管會設定更高的目標。他們不願冒業績下降的危險，所以他們也不希望業績成長。他會把目標設定在自己一定可以達成的水準。他懷疑自己的能力，他要安全，不要冒險。

2.營業員是否不滿工作環境，而影響他的業績？

每個營業員可能都有固定的工作習慣，而且每天的工作都大致相同。但是，他對這一工作的觀感，可能隨時都在改變。如果業務部主管可以聽到營業員在晚餐時對太太的「報告」，就可以瞭解這項觀感的改變有多重要。

「我的老朋友一個接一個地離開公司，和新人工作，實在不一樣。……這些新報告真逼得我發瘋，他們顯然不信任我，否則，他們不會管我這麼緊。……老林剛剛告訴我，他的薪水加了 500塊，我和他一樣努力，但是我只加了 300塊。……你知道我並不希望晉升，但是最近升遷的一些地區業務部主管，年紀都比我年輕，而且只有幾年的工作經驗。」

他的業務部主管可能從來沒有聽過這些抱怨營業員累積的敵意和挫折，將使得他的工作效率逐漸下降。

3.營業員的家庭是否發生變故，而削減他在工作崗位上的努力程度？

營業員在工作時，很難擺脫工作問題，同樣的，他也免不了會有家庭問題。有些家庭問題甚至會導致營業員的崩潰，這些問題包括：夫妻失和、家人生病和財務困難等等。業務部主管通常無法協助營業

員解決這些問題。不過，一些較小的問題，如買新房子、裝修舊屋、計劃休假、孩子教養問題等，但業務部主管也許就能夠稍加協助、提供意見。

家庭問題並非工作效率下降的唯一因素。營業員可能還參與其他社會活動，如就讀夜校；參加政治活動；擔任社團主席；以及花費大量時間在各種嗜好或運動上等。營業員可能試圖從這些活動中獲得工作無法提供的滿足。當營業員顯現工作興趣低落的跡象時，業務部主管必須有所警覺。

4.業務部主管是否管理不當，而創造了一位潛力型問題營業員？

業務部主管可能粗心大意地「否決」營業員的成就。營業員通常對業務部主管的一言一行非常敏感。例如：

· 業務部主管對營業員的批評是否太過嚴厲？

· 他是否真的關心他的營業員？

· 他的言行是否前後一致？

· 他是否對所有營業員一視同仁？

· 業務部主管是否明確說明他對營業員的期望？

· 他是否會「改變」標準？

· 他對營業員的需求是否敏感？

· 他是否壓抑歧見（他是否解決歧見）

營業員和業務部主管之間的人際關係完全建立在真誠的溝通，彼此的信任、尊敬和支持之上。

二、選擇行動方案

請選擇一項以上的行動方案，並評閱下面的潛在問題研討，再閱讀本文末的行動方案分析，以檢討你的決定。

⑴坦率地加以指責。告訴他，他做錯了什麼？公司未來對他的期望是什麼？同時，也向他說明，其他人如何地成功？

⑵施加壓力。密切注視他，在他表現良好的時候，給予鼓勵；在業績開始下降時，則嚴加考核。

⑶協助他發現自己的缺點。不要過度引導，儘量使他自己承認做錯了什麼、為什麼會如此做。

⑷給予信心和支持。提供你的知識和經驗，協助他、支持他，同時提出建議、可行方案，並加以指導。

三、行動方案分析

1.坦率指責

一些業務部主管認為，威脅、指責、說教和建議，可能「有所效果」。但是，這對營業員可能會造成不良影響，他們可能產生下列反應：

· 他可能受驚，以致無法正常工作，業績愈來愈差。

· 他可能產生敵意，因而心存報復，不但表現惡劣，還可能影響其他營業員的業績

· 他可能屈服在業務部主管的壓力之下，但是這只是暫時的，因為真正的問題並沒有獲得解決。

2.施加壓力

對業務部主管而言，嚴格控制一位營業員並非易事，因為他還需要注意其他營業員。密切監督，當然會有較好的業績，但是，這就像駕駛汽車一樣，你要踩油門，汽車才會前進，一旦放鬆油門，汽車立刻停止。除非業務部主管滿足對這種走走停停的方式，否則施加壓力並非正確的途徑。

3.協助營業員發現自己的缺點

這項方法保證可以獲得最令人滿意的結果。除非營業員瞭解他做錯了什麼？為什麼做錯？否則他很難改變自己的做事方式。業務部主管應該隨時垂詢營業員，給營業員說話的機會。在營業員透露潛在問題時，業務部主管應該重覆營業員所說的話，使營業員可以考慮他自己的意見。協助營業員，需要耐心和技巧，但是這項努力卻是值得的。

4.給他信心、支持他

這個方法有時稱為「大老爹」技術。業務部主管必須確信，營業員可以自己尋求正確的答案。但是值得注意的是，如果營業員只有在可以依賴業務部主管時，才能夠有所表現，一旦他不再獲得支持時，問題就會發生。這種方法的另一個缺點，是營業員可能開始怨恨他的業務部主管，因為很少人願意完全依賴他人。

如何協助營業員發現他自己的缺點，並予以改正呢？

在協助營業員之前，必須真正地瞭解他。因此，你必須與他真誠地暢談，而且他對你所說的話絕不可用來對付他。業務部主管對營業員的需求、興趣和希望，應有相當的瞭解，才能使他真正的暢所欲言。

一旦你讓營業員開口說話，要求他解釋業績不佳的原因，就要把求證的負擔交給他。他如何工作？他工作有多努力？如果他試圖向你「炫耀」，你要很技巧地讓他知道，他無法愚弄你。總而言之，聽他

說他的故事，要具有同情心，但是不要讓他離開話題。

當你認為他瞭解為什麼他的業績不佳，而且他也知道，你將忍受這項事實的時候，你就可以和他一起設定未來的業績目標了。不要迫使他立刻同意，你要給他考慮的機會。你可能要和他會談數次，才能訂定彼此滿意的目標。一旦雙方都同意一項目標時，你必須告訴營業員，如果他達成目標，他會得到何種獎勵。

此後，你必須隨時注意他的表現，他進步的時候，向他表示你的關切。他退步的時候，你要讓他知道他正陷入以前的老陷阱。如果他的業績開始滑落，不要威脅他，也不要顯示你的憤怒，只要告訴他，你希望他能夠實現他對你的承諾。

業務部主管可以改造潛力型營業員，只要使他瞭解，他能夠做得更好，他的業績將會上升。在此之前，你必須瞭解營業員、關心營業員。你必須願意改變你自己，你也要給營業員時間。你必須預期一些「退步」，並以體諒和耐心來處理這個問題。你必須願意計劃，並採取一個長期的矯正方案，以獲得永久的改變，而不是短期的效果。

5.業務部主管如何協助提升業績

(1)業務部主管的責任

· 瞭解營業員的需求、興趣和希望。

· 與營業員真誠地暢談。

· 顯示你要改變你自己的意願。

· 仔細傾聽。

· 顯示你的興趣和關心。

· 給予營業員改善業績的理由和動機。

(2)營業員的責任

· 與業務部主管開放而坦誠的談話。

· 瞭解業績不佳的因素。

· 協助參與設定個人的目漂。

· 維持工作和家庭生活之間的平衡。

· 與業務部主管之間若有歧見，必須有設法消除的誠意。

· 給予業務部主管協助你的機會。

第 十 二 章

如何管理不同性格類型營業員

　　營業部門經理應根據員工的性格類型特點同他們進行交談，對不同性格類型的人應該有不同的交談應付方法，否則你的談話只能是事倍功半。

一、如何管理「推諉型」銷售員

　　這種員工經常如此應付上級的提問：「那不是我的錯。」面對這種人，你要關注比例和工作量，不要關心什麼奇聞逸事：如果你被這種人關心的故事的細枝末節誤導，那麼你就「反主為客」了。

　　這種員工善於用找藉口、編謊話或者談論些與工作無關的故事來搪塞你，對待這種銷售員，你可以問他：「好，請你具體回答我，在過去一週的時間裏，你是如何按照銷售計劃去做的？你今天打算怎麼做？」或者問：「小陳，從上月我把這個小組召集起來開始，我們倆就一起工作了。我們曾告訴大家，我們將按照這個目標去工作，這是

你的工作量，我覺得你在完成這些工作方面應該能做得很棒。」

有些時候，你要漫不經心地走到他的辦公桌旁，以免引發抵觸情緒。這樣，就可以保證實質性的溝通不會發生意外，就可以讓你們像同事一樣進行交流。走到他桌旁的舉動是非常主動、非常親密的表示，透過他的工作量來看看你們是不是能改進一點點。如果你們的新主意奏效了，你們兩個都將受到鼓舞；如果你們的主意不奏效，你們會再接再厲，試試其他辦法。如果你走過去、肩並肩地與一個防守型的人坐在一起，那麼談話陷入僵局的可能性就會小得多。出於同樣的原因，如果話題跟他自己的腰包、打過的電話以及預約有關，那就實在沒有什麼事情值得你和他爭吵了。

二、如何管理「模棱兩可型」銷售員

這類型的銷售員經常說些模棱兩可的話，如「要看情況而定」，或者說些意料之外的問題如「我真正想知道的是……」

主管面對這種人，你應該只關心你提出的那個問題，必要時客氣地覆述一下。當遇到企圖轉移話題或者逃避問題的銷售人員時，你要耐心地把談話拉回到你提出的問題上，使談話的主動權始終在你一邊；當他試圖轉移話題時，你可以客氣地重覆你的問題，使談話不至於遠離了主題。

例如，「你所說的是個很有趣的問題，我們可以在有時間的時候再討論它；不過，現在我想知道的是……」

實際上，你不可能從某些銷售人員那裏得到一個直截了當的答案，如果你跟模棱兩可的銷售人員打過交道，你就知道他們的話多麼令人費解。

　　模棱兩可的銷售人員可以分成兩種情況：一種情況是他們透過含糊的回答來搪塞；另一種情況是他們並不知道自己在說些什麼。實際上，他們可能根本就沒領會到經理提出的問題的重要性，其結果是：如果讓模棱兩可的人引導了你們的談話，你最終會發現你們談論了一些毫不相干的事情。這種情況很讓人沮喪，甚至有時會導致經理和銷售人員關係緊張。

　　一般來說，你不得不對銷售人員做的一件事是：巧妙地把話題拉回到你最初的話題上來。這說起來容易做起來難，因為如果你處理得不夠巧妙，那麼你們的談話聽起來就像你在對這位銷售人員吹毛求疵或者嫌他太蠢。

　　對付模棱兩可型的銷售人員的技巧就是客氣地拒絕，讓模棱兩可的人士擺脫困境，按照同樣的方式反覆拒絕，直到談話按照你既定的方向進行為止。只需要幾次談話之後，模棱兩可的銷售員就會知道你問的問題是躲不過去的，他不得不為這些問題做好準備。例如：這次出發你遇見了誰？那個人是怎樣同你談的？最大的銷售阻力是什麼？那家公司是做什麼的？等等，一連串的問題令他不容廻避。

三、如何管理「滿口應承型」銷售員

　　他對你提出的問題從不重視，總是心不在焉地說：「是是是！」不管你問他多少問題，他可能只是將對你一直「是」到底。

　　面對這種銷售員，你應當按照想讓這位銷售員執行的任務，讓他進行角色扮演。不要幻想這個人說的「是」就是他能夠照你所說的去做，你可以透過問他這個問題來證實：「開會時，我問的前三個問題是什麼？」

這就是滿口應承型的銷售人員。如果你說：「注意，我要你把天上的星星摘下來，你能辦得到嗎？」那些滿口應承型的人會不假思索地說：「是的，沒問題！」這種滿口應承的做法背後所隱藏的是：「我根本就沒聽見。」

跟滿口應承型的人打交道，你不得不反覆進行角色扮演，直到他牢牢記住該怎麼做。

四、如何管理「萬事通型」銷售員

這種銷售員經常不耐煩地說：「你怎麼還不明白！」

面對這種人，你應當直接關注事例，而不是關注這個人，要提出問題讓他回答。

在你和他開始「吵架」之前，首先徵求一下他的想去和建議，然後再開始培訓。你可以這樣說：「你做銷售工作幾年了？」（回答：10年。）

「好，我猜你做得一定很好，這大概就是對你的評價，對不對？」（他認可了，實際上，他有點兒不好意思。）

「那麼，假設你是銷售經理，我是銷售人員，我剛剛交給你這樣一份工作報告，你會對我怎麼說？」（現在，他就被迫戴上「萬事通」的高帽來回答你。）

他可能會給你一個了不起的答案，如全面分析像他們這樣的團隊有什麼優勢，點評那些比較瞭解客戶的人和一直擁有客戶的人等。

然後你應該說：「是的，你剛才說的都是最好的建議，我都沒法超越你的評價。你不需要我告訴你該怎麼做了，你只需要照著你剛才說的那些話去做就行了。讓我們做一下記錄，一個月之後我們再回過

頭來看看事情進展得怎麼樣吧。」

五、如何管理「批評他人型」銷售員

「批評他人型」性格特點的人可能這樣說：「我沒有得到……的支援」或者「某某人犯了一個錯誤，我沒錯。」

面對這種銷售員，你應當讓他直接與其他人共事，讓批評家參與相關的會議和討論。

面對批評家時，你可以請求他的「幫助」，這會豐富他的經驗：「我希望你出席討論捐款問題的會議，今天下午你能幫他們洗洗腦嗎？」

對付批評家最好的辦法之一，就是把他交給他最可能指責的人。當你安排兩位批評家一起對一位重要客戶開展工作時，奇怪的事情發生了：他們兩個都沒有退卻（你仔細想想，問題可能沒有那麼嚴重），或者說，他們開始學著共事。

六、如何管理「只顧眼前型」銷售員

這種銷售員經常說：「怎麼這麼煩？」或者「真煩人！」

這種人可能沒有很好地把短期的業績和長期的回報聯繫起來，他可能只注重短期的工作。

只顧眼前者從事銷售工作時，馬上就會面臨挑戰。畢竟，我們今天所做的工作並不都只是為我們自己工作。如果他們不能從今天所做的工作中得到滿足，他們就不會有多大興趣。既然不能每週、每月都得到報酬，他們為什麼要在今天那麼努力地工作呢？

你可以和這種人一起為他制定個人目標，然後每天都強調從事這

項工作的回報。例如,「為了買到你夢寐以求的那輛賽車,你今天還需要再安排多少個預約?」

在面對只顧眼前的銷售人員時,最佳的做法是:作為同事,儘量體貼他們,幫助他們確立真正能夠鼓舞他們的目標,然後用大量的證據證明今天的工作和長期目標有什麼聯繫,在一對一培訓談話中不斷提醒、強調這些目標。當然,這條建議對所有的銷售人員都適用。不過,當你面對這種人時,要把證據說得生動一些,這一點特別重要。

七、如何管理「害群之馬型」銷售員

這種銷售員喜歡造謠傳謠,對別人冷嘲熱諷。

面對這種人,如果你能做到,就把這個人同團隊中的其他成員隔離開。如果分裂活動繼續發生,你應該考慮採取措施或解僱他。

對於這種銷售人員,你應該加以約束,盡力減小其對團隊的影響。

在銷售團隊中如果有些人頑固、消極,他們的消極情緒會影響其他人。對付這種人最好的辦法首先是隔離他們,也就是說,把他們從辦公室裏「請」出去。如果由於某種原因,他不能在外上班,你就應該考慮跟人力資源部一起想辦法對他做最後的處理。

如果你實在沒有辦法改變這種類型的銷售人員,並且他們又沒有突出貢獻的話,那麼就解僱他們。

下列有 5 類員工必須嚴肅處理,就是平時不處理,也應該用強烈的態度,給予他們明確的訊息。這 5 類員工是:

⑴行為失德的員工

有些員工品行不端,甚至心術不正,雖然沒有幹什麼有損企業組織利益的事,但對其他員工卻可能造成滋擾,最常見的就是性騷擾,

有些男性員工，對女員工口無遮攔，拿她們的身材當作評論對象，喜歡說性話題，這會令企業組織的氣氛變得很惡劣，有些甚至更過分，可能藉故挨身挨勢，毛手毛腳，使女員工幾乎有被非禮的感覺。這類員工絕不能容忍，必須加以指責，如果勸而不改，就應大罵，或更嚴重的，可能要考慮解僱他。

(2)態度惡劣的員工

有些員工的性格不善，如果主管的性格溫和，他們就不會把主管放在眼裏，對主管毫不尊重，這類員工，有些是恃著自己工作表現好，辦事效率高，他們甚至可能在主管面前鬧脾氣，或是駁主管的面子。這類員工，如果不還以一點顏色，他們就會變本加屬，主管地位就更是大降。上任伊始，主管的性格通常比較溫和，就可能被惡人所欺，這時絕對需要用嚴厲態度加以處理。

(3)浪費的員工

為了避免浪費，首先，主管就要以身作則，起好帶頭作用，讓下屬從剛一開始參加工作，就養成不浪費的好習慣。

主管發現下屬有小的浪費現象時，就要對其進行忠告，因為，小的浪費會帶來大的損失。即使下屬發牢騷說：「我們主管對這一點小事都斤斤計較，真是太小氣了。」但是，主管仍然不要對他們妥協。只要看到下屬有浪費現象就要對他們進行批評。

主管要對下屬那些有礙正常工作的行動提出警告。人們很容易養成不良的習慣，而且很難糾正。所以，要在壞習慣形成之前，就幫助他們糾正過來。

一點一滴都不要浪費。當日本《經濟時報》面臨危機的時候，為了重整旗鼓，正坊地隆美從日立事務所調到去那裏當總經理。年末大掃除的時候，他看到地上扔著幾根短短的鉛筆頭，於是，他把財務部

長叫來，並讓他把鉛筆頭撿起來，正坊地隆美的這種行動使得下屬對勤儉節約有了新的認識。大家都想連經理都這麼節約，自己今後一定要注意。

如果不注意小的浪費，那麼積少成多就會造成大浪費，無論效益多好的企業都是經不起浪費的。為了避免造成巨大的浪費，主管就不應當允許有小的浪費。

⑷懶惰的員工

主管有權要求員工做好工作，員工有什麼合理要求，主管也應該盡力達成。但懶惰似乎是很多人的天性，他們總想找種種機會偷懶，尤其是主管不在時，更是得其所哉，如果是跑外勤的，偷懶的機會更多，如果你在下午三四時，經過速食店，跑進去看看，數一數有多少個是企業組織的外勤人員，就知道偷懶者何其多，若再加上下午跑入電影院看電影的營業代表，數目就更多。

你和員工一起工作，大家要像戰士一樣努力前進。工作效率差，懶散不負責任的員工，會把整個團隊精神拖垮，尤其如果公司規模不大，員工數目不多時，就更應排除這些害群之馬，要先改造他，要激起他的自尊自重之心。使他奮發起來。不過，有些大懶蟲的確是沒有自尊自重感的，罵了也是一條軟皮蛇，無計可施，惟一的方法就是解僱。

⑸怠工的員工

對下屬時常怠工的現象不能視而不見。有很多人經常遲到，然而他們都要找出很多藉口，說什麼汽車晚了，突然頭痛起來沒法出門，等等。這種人會影響集體中其他人的士氣。對這種人要給予明確的批評。對缺勤很多的人，在辦公室談戀愛而影響工作的人，也要視不同情況給予批評或警告。

第 十 三 章

如何對待不服從命令的部屬

一、如何管理恃才傲物的部屬

　　美國前總統佛蘭克林‧羅斯福還是個心高氣傲的年輕人的時候，曾在海軍內的一個部門擔任副官。而他的頂頭上司是一位年長而和藹的老人，他總是對羅斯福微笑著，儘管羅斯福常常對他顯出傲慢無禮，甚至罵他「老古董」。上司幾乎對羅斯福的每一個意見都仔細地考慮和研究，對其略加改動後立即採納。這令羅斯福愈發自信，並且對工作投入了更大的熱情。他們的合作漸入佳境，老人依舊和藹如故，羅斯福卻逐漸拋棄了激進傲慢的性格，他感到有種力量在改變他，但他卻不知道那是什麼。許多年之後，當他已不再是個毛頭小子的時候總是不自覺地回憶起那段時光，老人的無私豁達讓他時常為自己過去的行為自責。同時，羅斯福也逐漸明白了老上司的良苦用心。

　　有的部屬「恃才傲物」，仗著才高，目空一切，玩世不恭，對誰都不在乎。掌握這種個性的下屬，主管要學會與之和諧相處，那麼你

- 319 -

要用他就容易多了。身為主管必須擁有一顆寬容的心——宰相肚裏能撐船嘛。時刻保持冷靜以寬容的態度對待那些不把你放在眼裏的下屬，不僅僅是為了在他人心中更進一步地樹立你成熟穩健的形象，實際上你的做法本身也是對他的一種教育。

一般恃才傲物者都有三個共同特性：

第一，自以為本事大，有一種至高無上的優越感。總以為自己了不起，別人不如自己，說話常常硬中帶刺，做事我行我素，自信和自負心強，對別人的態度則表現為不屑一顧。

第二，恃才傲物者大多自命不凡，好高騖遠，眼高手低，自己做不來，別人做的又瞧不起。所以，做什麼事都感到淺薄，認為不值得去做。

第三，恃才傲物的人往往性格孤僻，喜歡自我欣賞，聽不進也不願聽別人的意見。凡事都認為自己做得對，對別人持懷疑和不信任態度。

主管與這些下屬相處，必須採取有效的措施，才能讓其心服口服，為你所用：

1. 要有意用其短，善於挫其傲氣

恃才傲物者並非萬事皆通，樣樣能幹，充其量只是在某些方面或某個領域裏才能出眾、出類拔萃，在其他方面可能就不如別人。

所以，你可以找機會，人為地給他製造一些麻煩。最好是在單獨場合，安排一兩件做起來比較吃力而且比較陌生的工作讓他去做，並且要求限時完成任務。只有當他發現他獨自一個人不可能完成所有任務的時候，他才會意識到他人的重要性。當然這也不必刻意地「密謀」，只需在問題出現的時候你「無意」促成一種「巧合」，使他突然孤立無援而且不會意識到這是一個有意的安排就可以了。此時的他在

你小心的施壓下，也許會體會到自己的那份力量簡直微乎其微，對自己的能力也會有一個重新的認識。

2.要用其所長，切忌壓制打擊

恃才傲物的人，大都懷有一技之長，否則，無本可「恃」，更無「傲」之本。主管在與這種下屬相處時，要有耐心，要視其所長而用之，絕不能採取冷處理的方法，為了壓其傲氣，將其擱在一邊不予重用。

須知，這樣做不僅不能使下屬正確地認識自己的不足之處，相反，會使其產生一種越「壓」越不服氣的逆反心理，說不定從此便會與你結下難解之仇，工作中有意給你拆台，故意讓你出醜。

3.要大度容傲才

這種人幹什麼工作都掉以輕心，即使再重要、再緊迫的事情，他們也會表現得漫不經心。所以，常常會因其疏忽大意而誤事。作為上司切不可落井下石，一推了之，要勇敢站出來替部下擔擔子，使他感到大禍即將臨頭，主管一言解危。日後，他在你的面前再不會傲慢無禮，甚至會對你言聽計從。

二、如何管理與你對抗的部屬

企業組織中存在著一些諸如性格倔強、比主管年長等難對付的下屬，這些下屬都比較難管理，總是與你對立。對於這些人，誰也不會輕易地接受。因此，主管如果發現自己集體中有這樣的人，那就應當考慮如何使用他們，如何讓他們積極工作。

如果主管對這樣的下屬根本不理睬，或者無視他們的存在，那麼就可能出現浪費人才的現象。主管不能壓制和打擊那些與你對立的下

屬。否則，會給自己帶來無窮後患。主管要學會既要使用與你對立的下屬，又要同他們保持一定的心理上的距離。

人們彼此間的心理距離同刺蝟之間的距離有些相似，離得過遠，人們就會感到孤獨；離得過近，又容易傷害對方。

在集體中，彼此間的對立意識也是同樣的道理。對立意識就如同尖銳的刺，如果不保持一定的距離就會刺痛對方。因此，人們應當在工作的大前提下保持互不傷害的距離而共同前進，這樣就能保持整體的協調一致。作為主管，尤其應當注意掌握這一原則。

在企業組織中，難對付的人到處都有。也許在不知不覺中你就會發現別人與自己對立起來。作為主管，應當明白這一點，世界上的人並非都那麼理想、那麼可愛，應當心胸開闊地面對這一現實。在自己部門中，如果有與自己對立的下屬，對主管來說是很不利的。但是，只要主管能克服與這種下屬的對立意識，自然能夠順利地指揮他們。

主管為了克服與下屬的對立意識，爭取難以對付的人，一定要學會認真分析為什麼會產生對立意識。對於主管來說，很多時候，有些下屬總是不能認真地執行其指示和命令，因而主管就無法把工作委派給這種難管理的下屬。長此下去這種人就成為了集體的包袱。

如果一個集體中出現了「包袱」，上級管理者自然會一目了然，而且人們還會認為這個集體的管理者沒有能力。反之，如果你能充分利用那些與你對立的人，那麼，別人自然會對你作出很高的評價。這種差距就決定了主管的前途。

因此，對於那些與你對立的下屬，主管應當認真地分析，為什麼他們不好管理？為什麼他們會成為集體的「包袱」？與此同時，主管首先必須克服自己與他們的對立意識。如果你要克服與他們的對立意識，就應該特別注意你的談話方式。

　　有的時候，主管的講話方式會使下屬很不愉快，這是造成彼此對立的一個原因。因此，主管對此要特別注意。

　　主管不應當僅僅看到下屬的工作情況和成績，還應當瞭解他們內心的煩惱。因此，主管講話時要極為慎重，注意不要傷害下屬的感情。

　　主管的講話與提問的方式是極為重要的。如果掌握不好的話，就可能使下屬與你產生對立。主管可以通過經常鼓勵下屬積極工作的方式來消除彼此間的對立。而且，這樣做還能讓下屬發揮出自己的全部能力來，從而為企業培養出優秀的人才。

　　作為主管應該要善於運用語言技巧，消除與下屬間的對立意識，激發下屬的主動性。同時，作為主管在命令這些與自己對立的下屬時也要講究方法，下達命令要溫柔，切不可與其發生矛盾。

　　對於下面兩種類型的下屬，採取溫柔的方法下達命令會得到較好的效果。

　　一是性格倔強的下屬。當主管向他們下達命令時，他們會感到受到刺激，因而拒絕執行。即使去執行的話，也不是心甘情願的。因此，改命令為建議，可以使其接受。

　　二是比自己年長或同齡的下屬，或曾經取得過一些成績的下屬。對於這兩種類型的下屬，主管可以對他們說「我需要借助於你們的經驗和智慧……」這樣就表現出較謙虛的態度。

　　要增加工作量或者工作難度特別大的時候，就對他們說：「這種工作只有你們才能完成。」給予一定的認可和讚美，讓他們心裏感到自己是有價值、有地位的。因此，其積極性就提高了。

三、如何應對老資格員工

近年來，許多公司都出現了中老年職工過剩的情況，而苦於無法對年長或資深的員工施展主管權的年輕主管也為數不少。

在 2023 年的人事調動中，小徐從其他部門調到現在的部門任主管，而全部員工的資歷都比他深。其中，陳先生是部門中資歷最深的人，而且年紀較長，所以對主管的反抗心最強。由於主管對他所負責的業務一無所知，只好採取放任的態度。陳先生對這位不太熟悉工作性質的主管，抱著「說什麼對方也不會懂」的態度，凡事都不向他報告。其他的員工雖然不像他那麼露骨，但也大同小異。深為苦惱的主管接受大學時代的學長忠告，找陳先生聊天，與不太令人喜歡的陳先生共飲數杯，經過深談，雖然陳先生的態度比以前較為改進，但作風依然不改。因此，在本質上，作為主管的小徐，絲毫沒有解決煩惱。

聽完上述例子，你有何建議呢？

主管與一般職員應完成的任務必須分清。一方面，一般職員都要按照上司的命令，完成分派的工作。另一方面，按照計劃管理與監督負責部門的工作，是主管的任務。主管必須正確地體會他與一般職員任務的差異點。公司讓年輕、經驗不豐富的人當資深職員的上司，並不是借重他的業務能力，而是期待他在管理與監督方面發揮實力。不甚瞭解這一點，想在業務上與員工並駕齊驅，卻心有餘而力不足，心中甚為苦惱的主管不少。

由於非得完成工作部門所給予的任務不可，所以，即使是年長者，主管也得將他視為員工，要求他確實完成所負責的業務。年長者應該能瞭解自己的立場。簡而言之，主管自己要認識到這一點。

根據上述的說法，將實行的具體對策整理如下：

1. 仔細研究員工的特性，如能使員工發揮他的優點，彌補或安慰他的不足，則他面對主管的心情也能緩和下來。抓住員工心的秘訣之一，就是主管的體恤。

2. 經常與員工談話。談話的目的之一，就是促進彼此的瞭解，也是使員工心情愉快地工作的必要條件。談話的主要內容如下：①確認權限。把他所負責的業務全權委託給他，但要規定按照指示的方式與次數作報告。②拜託他教導自己有關他所負責業務的要點。這有助於主管本身的學習。依照上述的方式，承認他的實力，正式將權限委讓給他，通常都能滿足他的自尊，激起其沖勁。③要明確地向年長者表達，在工作部門時，視他為員工。鼓起勇氣，按照規則行事是很重要的。④從今以後，每當發現存在著某些問題時，彼此務必要坦誠地商談。主管這種率直的態度，必定能博得員工的好感。

3. 主管本身要認真地學習。學習的主要內容如下：①盡可能快地掌握每位員工主要負責業務的要點。睿智的人，每到一個新部門上任時，一定拼命地學習，直到能掌握住部門的工作要點。②研究員工相互間的人際關係，以及與負責部門以外的私人聯繫。③確立權限委讓與報告制度，對全部職員進行權限委讓。經過以上的努力，主管者的管理，就能早日得到員工的信賴。

四、主管的行動準則

對於銷售主管來說，他們可能遇到的最難處理的一種情況就是員工不接受指示或者乾脆把它當成耳旁風，或者在開會時對主管做出不禮貌的舉動，這種無禮的行為經常發生在那些曾經為部門做出過重大

貢獻的老資格員工身上。而新被任命的主管面臨這種情況的可能性又
最大。

　　某位員工可能會試圖影射或者暗示新任主管解決不了的問題。如
果這種行為受到指責，這位員工又會作出讓步並聲稱所說的話都是在
開玩笑。

1. 別受愚弄

　　下屬這樣的行為是對主管權威的一種直接攻擊。這些員工就像一
個不聽父母調教的孩子一樣，實際上是在試探主管究竟能容忍他到什
麼程度（這恰恰說明了為什麼這種事更經常地發生在新任主管身
上）。這些員工想看看他不聽命令的做法究竟能被許可到一種什麼樣
的程度以及這樣做下去的後果將會如何。

　　員工採取這種行為的原因是多種多樣的。也許是這名員工剛剛錯
過了一次提升機會。也許是他心懷不滿或嫉妒，也許他只不過想引起
別人的注意。

　　總之，導致這類行為的原因並不重要。重要的是一定要對這種情
況加以重視。忽視它就意味著主管將會逐漸失去部門中所有員工的尊
敬。如果一個員工不服從命令的做法得到了允許，那麼其他人就會認
為他們也可以這樣做。

2. 在部門內把問題解決掉

　　管理層希望主管有能力對本部門的人員進行有效控制，而不需要
上級提供幫助。

　　把有這類行為的員工叫到你的辦公室，開誠佈公地與其談一談所
發生的事情。在會面之前要有所準備，弄清楚自己想要說什麼，直接
而簡明扼要地闡明問題（拐彎抹角是一種錯誤的做法）。

3. 在遇到員工不服從命令的情況時，主管可採取以下
　 步驟：

⑴立即與下屬討論這一問題。

⑵讓下屬知道違抗命令的行為是無法被接受的。

⑶讓下屬知道這種行為方面的問題應當由他自己去解決。

⑷告訴下屬如果他們能改正其行為，自己是不會對他們懷恨在心
的。

第 十 四 章

如何管理領袖型營業員

　　業務部主管徐凱所在的公司每年都舉辦春季銷售競賽，他的地區每年都表現不錯，但是從未贏得前三名。今年，徐凱決定重整旗鼓，奪取錦標。他對每一個營業員都設定了非常高的銷售目標，並且威脅營業員，如果未能達成目標，就將予以開除。他否決了某些營業員降低目標的要求，他也很高興，營業員並未集體反對這些目標。

　　銷售競賽的前幾週，營業員似乎都接受了他的目標。每個營業員都顯得很努力，訪問記錄也顯示出，每個營業員都作了額外的訪問活動。但是，隨著時間的過去，他發現訂單數量不但沒有增加，甚至還低於去年的水準，這種情況愈來愈惡化。他開始懇求營業員，也重申他的威脅。然而，訂單數量還是比去年減少。春季銷售競賽的結果，他的地區卻是敬陪末座。

一、潛在問題研討

這個業務部主管低估了非正式團體的力量:「我很聰明,態度也很強硬,足以對付任何營業員。我是主管,我要以我自己的方式來管理營業員。如果他們認為,他們可以組織起來對抗我,那就錯了,我將開除任何一個加入此一陰謀的營業員。」

營業員需要保護自己,因此他們組成一個聯盟,集中力量來抵制業務部主管不合理的要求。這個非正式組織之中,比較強硬的成員會協助比較軟弱的成員。業務部主管逼得愈緊,組織成員之間的團結力量就愈強。最後,組織成員寧可冒著喪失工作的危險,也不願被這個組織排斥而孤立。

這個業務部主管除了低估非正式群體的力量之外,還拒絕承認一個強勁的對手!——領袖型營業員。最令業務部主管痛苦的是他的對手並沒有任何正式的權力,卻能夠領導整個群體。領袖型營業員是一個天生的領袖,他的人格特質使他贏得團體成員的尊敬和服從。

業務部主管可以從領袖型營業員那裏學到很多東西。領袖型營業員不像一些業務部主管,他對群體的感受非常敏感,就如一位成功的領袖所說:

「其他營業員都來告訴我他們的感受以及他們的希望。雖然我瞭解問題的核心,但是除非我採取正確的行動,並獲得一些成果,否則他們將會找另一個領袖來取代我。」

領袖型營業員的主要功能是協調組織規範——組織成員的行動準則。為了贏得領袖的聲望,他必須不斷地與成員磋商,以建立規範。這是一項煩人的工作,因此,很多人不願擔任非正式團體的領袖。

　　非正式團體是一個複雜的組織，許多業務部主管認為，正式群體和個人沒有什麼不同，處理方法也是一樣。雖然正式群體是有一些個人的屬性，如不同的個性和不同的情緒，但兩者之間還是不一樣，例如，一些正常而理智的營業員在憤怒時，可能變成一群難以控制的暴徒。

　　此外，激勵個人比較容易，要激勵一個群體，那就難得多了。同時，一幫群體非常容易失去理智。

　　每一個業務部主管都應該瞭解，非正式群體很少公開活動。事實上，你也只能從群體成員對命令的遲緩反應，才能知道他們開始在抵制你。他們在抵制你之時，經常會拖一段很長的時間才完成一項應該可以輕易達成的目標。同時，你會發現，沒有人願意主動承擔工作。

　　最後，你將瞭解你已處於戰爭之中了。這時，業務部主管務必冷靜。如果你打算和他們對抗，如此只會加強他們的團結力量。通常，群體都是為了互相保護和支持而形成的，外在的壓力只會加強他們對彼此的需求。另一方面，如果你試圖指使他們，你將發現他們很難被愚弄。群體之中的一兩個人可能會落入陷阱，但是不可能所有的成員都受騙。公開的勸說，可能說服其中一些人，但是除非所有的成員都滿意你的說法，否則你不可能得到他們的合作。

　　對付群體的唯一辦法是瞭解成員的需求和希望，而後儘量予以滿足。你可以透過領袖型營業員瞭解個別成員的需求和希望，並傳達你的意思。他是理想的「代理人」。領袖型營業員與所有的成員經常地溝通，他瞭解每個成員的需求，如果他能協助個別成員達成他們的目標，就可以因而增加聲望、鞏固領袖的地位，他們也將忠誠的追隨他。業務部主管並沒有必要和領袖型營業員對抗，相反的，還要與他合作。然而，這並不是表示業務部主管將大權交給他。

下面是一項自我測驗，在面臨營業員集體對抗時，你會發現，這問卷非常有用。（括弧內的答案，只是你回答問題時的例子。）

1.你如何知道你面臨營業員的集體對抗？

（在春季銷售競賽時，所有的營業員都表現不力。）

2.你怎麼會造成營業員集體對抗的情形？

（我設定非常嚴格的目標，並且威脅他們，如未達成目標，將得到嚴厲的懲罰。）

3.誰是營業員的領袖？

（高健似乎是營業員的發言人。）

4.這個營業員群體的「溫度」有多高？

（熾熱。）

5.他們抱怨什麼？

（他們認為我設定不合理的目標，我不應該威脅他們，而且又將他們的反對置之不顧）

6.這些抱怨的輕重順序為何？

（銷售競賽已經過了，所以目前最嚴重的抱怨是我不聽他們的意見。）

7.這些抱怨是真實的嗎？

（是的，我太急於表現，我希望我這個地區業績超過其他地區。）

8.你如何協調你的目標和群體的目標？

（承認我的錯誤，撤銷懲罰，與陳雄合作。）

茲分析本自我測驗的問題於下：

1.你如何知道你面臨營業員的集體對抗？

營業員工作態度不夠積極，此外，似乎很難和他們溝通，他們答話時處處提防。你懷疑，他們私底下所說的話可能和告訴你的完全不

同。

2.你怎會造成營業員集體對抗的情形？

你採取什麼行動之後，營業員才表現出集體對抗的跡象，或許是你開始實施一項新政策，也可能是你嚴厲處罰其中的一位營業員。

3.誰是營業員的領袖？

誰似乎是營業員的發言人？在營業員的群體中，誰是他們率先採取行動的人？

4.這個營業員群體的「溫度」有多高？

他們的對抗形勢是否逐漸增加，而且慢慢公開？如果群體的「溫度」升高，抵制的跡象將會增加。

5.他們抱怨什麼？

業務部主管可以利用「紙條會議」瞭解他們的抱怨。所謂「紙條會議」是在會議中發給每位營業員一張紙條，要求他們寫出各種委屈，而且不必具名。只要他們確信不會遭到干擾，他們很可能列出所有的抱怨。

6.這些抱怨的輕重順序為何？

你必須判斷何者為輕微的抱怨，何者為嚴重的抱怨。你可以從群體成員的反應，判斷抱怨的輕重順序，你也可以要求領袖型營業員協助您判斷。

7.這些抱怨是真實的嗎？

這些抱怨可能是由於觀點不同所致，你的營業員只看到事情的一面，而你看到的又是另一面。

8.你如何協調你的目標和群體的目標？

在採取此一行動之前，必須確定，營業員真的瞭解你的目標嗎？而你又真的瞭解他們的目標嗎？確定這兩個問題之後，再與領袖型營

業員合作，決定他們願意做些什麼，或放棄些什麼，以獲得他們認為最重要的需求。

業務部主管必須瞭解「幫派群體」，否則，他必定失敗。

二、選擇行動方案

業務部主管開始發現事情不對勁時，他應該如何處理這種情況呢？

請您就以下的行動方案選擇一項，並詳閱下面的潛在問題研討，再閱讀本文末的行動方案分析。

⑴開除領袖型營業員。確定誰在興風作浪，領導營業員抵制業務部主管，在造成更大的損害之前，斷然予以開除。

⑵盡力「賄賂」領袖型營業員。答應給他特別的獎勵，以酬謝他的合作。

⑶對抗整個群體，找他們理論。

⑷和每一個營業員個別會談。這可能需要時間，但值得。

⑸利用領袖型營業員，作為群體的「發言人」。

三、方案研討

1.開除領袖型營業員

這項行動可能暫時迫使群體解散，甚至遏阻他們的抵制。不過，還可能造成許多嚴重的後果。領袖型營業員離職後，其他幾位營業員可能自動提出辭呈。此外，新領袖可能隨之產生，營業員群體會變得更團結，更有力量。你愈加威脅，群體便愈加團結。除非你準備開除

每一位成群結党的營業員，否則這項行動無法成功。

2.盡力「賄賂」領袖型營業員

你可能以特別的獎勵拉攏領袖型營業員，但是他試圖犧牲其他成員，而中飽私囊的話，將會喪失領袖的地位，而無法影響他們。因此，當你「收買」他的時候，你並未買到其他人，你只不過收買到一個過氣領袖而已。

3.對抗整個群體，找他們一起理論

這是一個非常危險的策略，即使你是一個強人，也不宜採取此一行動。業務部主管和營業員辯論是相當辛苦的，而且很可能因此而喪失控制大權。一旦他們佔到上風，他們將繼續奮鬥，來迫使你讓步。你不要自己退到牆角，也不要自取其辱。

4.和每一個營業員個別會談

這種「分別征服」策略，通常無法成功。非正式組織的成員非常害怕其他成員的制裁，孤立是非常痛苦的，營業員在個別會談中，可能會順從他的業務部主管，但是他不會做出任何違反群體規範的事情。

5.利用領袖型營業員，作為群體的「發言人」

與領袖型營業員合作，是最有效的策略。你可以利用領袖型營業員，瞭解群體的需求和抱怨，並尋求解決之道。

業務部主管不能忽略非正式群體以及領袖型營業員，否則，他可能面臨營業員集體抵制的局面。一旦集體抵制的情況發生，業務部主管必須聽取群體的抱怨，以緩和緊張形勢，消除抵制。業務部主管絕不可試圖對抗整個群體，相反的，他應該與領袖型營業員合作，他是理想的「代理人」，因為他瞭解其他成員的需求和情緒。

第 十 五 章

如何管理抱怨型營業員

　　作為主管，也許你眼中的下屬仍舊都和往日一樣神采奕奕、笑容滿面，工作起來也格外地投入。你要意識到這可能是一種虛假的狀態，也許其中有人就正在使盡全力保持自己的神采和笑容，但他們並不是以最佳的方式來工作的。

　　作為主管，你不光是要看到你的下屬每天都在做什麼，更重要的一點是，你還要知道他們是在想什麼。在你把目光專注于業績的時候，是否還看到了什麼呢？

　　誰都有情緒，不管是「大鬧的」還是「小鬧的」，既影響自己，也會像瞌睡一樣傳染給別人。如果說主管者是生活在一個事務性的環境中，同時也可以說是處在一個有各種情緒的大容器裏。你的部屬有了這樣或那樣的情緒就難免會使作為主管的你煩心。因此，可以說，在一個主管的日常性工作中，如何處理你的部屬的情緒就是你必須做好的「家務事」了。

　　面對部屬鬧情緒時，應該先根據情緒原因來尋找癥結。若是因個

人因素而影響了工作，那麼主管可以私下瞭解，協助部屬疏導壓力。

如果是因為工作而產生情緒，主管就要以就事論事的態度來解決。若部屬一接到工作指令隨即發脾氣，身為主管就應該先確定部屬的情緒是「應該」或「不應該」鬧的情緒。若是合理的工作要求但部屬卻隨意發脾氣，這就列為「不應該」的情緒範圍，主管就必須當下公開指正，以維持工作效率與管理效能。同時，還能借此建立辦公室賞罰分明的制度，讓其他部屬在一次次的觀察經驗中體會。但要注意的是，主管要「吵完就算」，並且要事後私下懇談、安撫，向部屬仔細解釋斥責的原因，免得日後積怨過深。

所謂「應該」鬧的情緒，可能是工作上的要求本就不合理，例如上級主管本身的人為錯誤，但卻要求部屬在短時間內隨機處理或補救，那麼主管就應以最快速的方式說服部屬，而說服與溝通的效果就要看彼此的交情如何了。

所謂的「靠交情」不是偏心或私下利益交換，而是主管平時就要與部屬互相交流，時時把握住瞭解部屬的每一個機會，而非只注意部屬工作上的表現。從關心生活上的需求開始，處處關注部屬。一旦瞭解或掌握了部屬的個性後，面對部屬在工作上發脾氣時，就能再進一步地「見招拆招」，用最適合的方式來化解情緒。

例如，遇到強悍或重視官階大小的部屬，可以運用自己的主管權力，嚴厲要求，甚至直接指示：「不要廢話！快去完成任務！」若是心軟的部屬則可以用「哀兵政策」軟化情緒。面對有理講不清的部屬，可以用幽默方式化解部屬情緒。而這些處理情緒的方法，都是建立在瞭解部屬個性的基礎上。

主管努力瞭解部屬情緒的同時，也要讓部屬瞭解你。因此，主管除了關心部屬的生活、擔任情緒轉換器外，也應該向部屬倒點情緒垃

圾、吐吐自己當主管的苦水，不要硬是要撐著主管的架子，讓部屬也有瞭解你的機會。

　　除了私下與部屬分擔主管的苦外，更能「安撫」部屬情緒的方式是讓部屬實際體會到主管的角色與責任。每個月可以請不同的資深部屬代班一至兩天，擔負主管的溝通協調責任與部屬管理，如此一來，就能真正瞭解「主管難當」。一旦實際體會後，部屬日後就不會再隨意亂發脾氣，亂鬧情緒了。

　　無論如何，業務部主管還是必須花一些時間處理抱怨型營業員的問題。他可能在初步跡象顯示時，就開始處理這個問題，也可能延緩到第一次的危機出現時才開始處理，甚至可能等到一連串的危機出現，影響其他許多營業員時，才會覺悟。

一、初步跡象

例一

　　營業員：「很抱歉，我的訪問報告總是遲交。但是，我最近非常努力工作，沒有時間填寫這些報告。」

　　業務部主管：「這些報告看起來都一樣，他一定是用複寫紙填寫的，下次再讓我看到，一定要說說他。」

例二

　　業務部主管：「各位同仁，大家好，這些是本季推廣活動的細節，我需要你們每一個人的合作來達成目標。我相信，你們都同意，這可能需要一點努力，但是我們一定可以達成，甚至超過這些目標，不知道你們有沒有意見？」

營業員：「我認為，我個人的目標並不合理，在我的地區，競爭非常激烈……」。

例三

業務部主管：「你上次拜訪客戶，仍然做得不夠徹底。他告訴你，他不太需要我們的產品，你應該做更多說服的。」

營業員：「大概是吧，但是如果你和我一樣經常去拜訪這個傢伙，你就可以瞭解，我怎麼做都沒有用，他根本就是一個木頭。」

這些情形可能不斷的發生，抱怨型營業員經常不知不覺地透露他的不滿。他的情緒可能在報告中、會議上，或是平常的行為中表現出來。最初，這種跡象非常模糊。然而，營業員的不滿情緒一旦升高，這些跡象就會愈來愈多，愈來愈密集。

二、危機出現

不久以前，總公司主管行銷的副總經理決定拜訪一位大客戶的採購部，這個總部正好位於一位抱怨型營業員的轄區，這位營業員奉命陪同這位副總經理進行訪問。很不幸的，這位營業員不只是提供交通方面的協助，他還向副總經理告狀。他數落業務部主管的不是，同時列舉業務部主管一長串的管理錯誤，副總經理很客觀地傾聽，但是他認為，營業員不會全錯，業務部主管可能有些地方不對。他回總公司之後，就召見業務部主管，並加以指責。

經理：「我一定要報復，我要使他痛苦，我現在可能沒有辦法開除他；但是我要讓他待不下去，自動辭職。」

營業員：「如果那個混蛋認為他可以威脅我，那他就錯了，他

整我，我就反咬他一口。

　　這場戰爭進行了大約三個月之久，每一個人都知道發生了什麼事情。過了不久，營業員分成兩派，一派支持業務部主管，另一派支持抱怨型營業員。業務部主管這時已經瞭解，他必須立刻採取行動，解決這一問題，以免自己遭受無法彌補的傷害。

三、潛在問題研討

　　抱怨型營業員不滿的原因可追溯自以下五大來源：

　　1.「我不喜歡我的公司，它太大了（或太小了）。我並不以它的業務和聲望為榮，它的政策並不公平，它給我的特權、地位和福利都太少，它的政策是老式的，升遷的機會很少。」

　　2.「我不喜歡我的工作，這項工作太過單調，我每天所做的事情都是一樣的。我覺得我學不到任何東西，我也沒有安全感和成就感，我所負的責任太小。」

　　3.「我不喜歡我的同事，他們並不友善，他們的競爭太激烈了，有些人總是踩在我的腳上，他們很少幫助我。」

　　4.「我不喜歡我的經理，他不公平，他太嚴厲，他不讓我獨立作業，他總是批評我，我對他一點也不尊敬，他從未鼓勵我，我們的意見常常不同。」

　　5.「我不喜歡我自己，我沒有自信，我的自尊心不強，我的情感勝過理智，我經常恐懼，我太敏感，別人都不喜歡我，我的條件比不上其他營業員，我不是那種討人喜歡的人。」

四、選擇行動方案

業務部主管此時應該採取下列那些行動方案？

⑴施加更大的壓力。最後，營業員將投降，而改變他的行為。

⑵對他格外注意、關心。也許經由更密切的交往，可以使彼此更加瞭解，協調兩者之間的歧見。

⑶尋求外在的協助、要求同事們轉告他，或是要求人事處的協助。

⑷充實他的工作。給他特別的任務，以刺激他完成具有挑戰性的工作。

⑸決定究竟是人的問題，或是形勢所為。讓他坦白告訴你，究竟是什麼地方不對。

五、分析是何因素使他不滿

公司：

· 太大或太小？聲望？

· 機會太少？福利和獎金太少？工作同事不公平、老式的政策？

工作：

· 不具挑戰性？

· 層次太低？

· 沒有安全感？

· 學不到東西？

· 責任太輕？

同事：
- 不太友善？
- 競爭太過激烈？
- 彼此不能相互協助？

經理：
- 不公平？
- 太嚴厲？
- 過度批評？
- 不值得尊敬？
- 從不鼓勵？

自己：
- 沒有信心？
- 自卑心不強？
- 過度敏感？
- 害怕和情感化？

業務部主管必須決定，那一個因素無法改變？那一個因素可以改變，如果營業員的不滿來自於他自己，而且又是在孩童時期養成的，那麼改變他的希望就不大。然而，問題與工作有關時，業務部主管就應該採取行動了。他必須使營業員開始說話，從營業員的談話中，確定他所面臨的問題。例如，營業員可能說：

「我實在不覺得你有什麼不好，只不過其他營業員的機會和運氣比我好。」

解釋：「他認為，我偏心。」

最初，你和他的談話可能沒有什麼結果，他可能推託迴避，也可能說些無關的話，這時，你就需要耐心，才能加以開導，讓他說出真

心的話，以確認問題的真正所在。如果他說：「事情就是不對勁」，你並沒有進步。然而，他如果說得更明確——「你把我安排在新的銷售地區之後，我開始面臨一些問題。」——他已逐漸說出使他不滿的原因了。

如果你成功的確是他的問題，你將可以更瞭解他最近的所作所為。例如，假設你知道，他向其他營業員公開抱怨你的管理方式時，你可能會把他叫進辦公室，臭罵一頓，但是，當你知道，他是因為你不公平而抱怨時，你很可能要採取不同的行動；不再教訓他，只是向他解釋，你是非常公正的；如果他的業績大幅度滑落，你可能不再施加壓力，而是去尋求他工作意願下降的原因。

當然，他可能不願與你合作，你愈追問，他愈退縮，他可能不信任你，也可能騙你，你愈壓迫，他愈抵制。這時，你必須後退，給他喘息的機會。

總而言之，你絕不可扮演一個職業心理學家，直接攻擊他的弱點，也不要向他解釋他為什麼會做這些事情，你可能必須暫時拖延幾天，等到較佳時機，才找他談話。然而，如果他的態度轉壞，無法令人容忍，你可能沒有其他選擇，只得放棄努力，毅然開除他。

另一方面，如果他坦誠相待，你也必須花費較多的時間，確認真正的問題及其成因，切不可對問題作單純的解釋，這可能使你根本無法擬定一個矯正方案。

你可能無法提出一個可以永遠解決問題的完整答案。但是，你很可能走出正確的第一步，而立即改善整個形勢，並導出此一長期問題的解決方案。

你若可以正確回答下面「解決問題的關鍵」，你就已得到適當的答案了。

六、解決問題的關鍵

1.歧見

‧營業員的觀點：

經理故意把銷售目標定得很高。

‧經理的觀點：

制定銷售目標的標準應該一致。

‧營業員的觀點：

若目標定得不公平，應該有例外。

‧經理的觀點：

如果有一個例外，其他營業員也將要求例外。

2.共同的滿足

‧營業員的得失：

失：等到下年度修正目標。

得：同時獲得調整目標的保證。

‧經理的得失：

失：接受例外。

得：使營業員恢復完全的生產力。

3.面子問題

‧營業員的問題：

由於同意等待，似乎在同事面前顯得軟弱。

‧經理的問題：

營業員可能在其他營業員面前誇耀他所贏得的讓步。

4.共同的改善

·營業員仍然滿足：

六十天之後，向經理提出例外和證明由經理審核。

一百二十天之後，調整後的目標相當公平。

·經理仍然滿足：

六十天之後，營業員工作努力，等待調整目標。

一百二十天之後，調整完成，營業員繼續努力工作。

此說明解決問題的關鍵於下：

(1)問題

什麼是你最初的觀點？什麼是他的？這些觀點如何演變？

(2)最重大的歧見在那裏？

你要求什麼？要求多少？多迫切？他要求什麼？要求多少？多迫切？

(3)共同的滿足

不要期望你們兩個所得均等，你必須放棄某些事情，才可以獲得其他的，他也一樣。達成協定之後，兩者都可以獲得滿足。

(4)面子問題

最重要的是，你們永遠無法達成一項真正的協定，除非這項協定能夠維持你和他的自尊。丟臉是一件難以忍受的事。所以，營業員和業務部主管應該事先同意，他們可以共同避免「丟面子」。

(5)共同的改善

你們達成協定之後，事情是否有所改善？在 60 天和 110 天之後，觀察誤解和歧見是否業已真正清除。

七、方案研判

1.施加更大的壓力

如果你告訴他，他若不照你的希望去做，你將採取什麼行動，你可能無法獲得任何效果，因為你的命令太過強硬了：

「我不希望聽你的故事，我不管我做錯什麼，我是主管，你就得聽我的，」他的反應，可能為以下二者之一：

(1)他將服從，而且顯得順從你的希望。然而，他將加強自己的防衛。如果你改變立場，試圖瞭解和協助他，你將會失敗，他的抵制已根深蒂固，他將以更微妙的方式打擊你。最危險的是，他可能開始尋求其他營業員的支持，聯合起來對付你。

(2)他可能大發脾氣，拒絕你的要求。如果你準備在這個時候開除他，你可能得到他暫時的應允；如果你不打算開除他，你就必須讓步。

2.對他格外注意、開心

你和他不斷面談，鼓勵他取下他的面具。最初，他為了保護自己，避免攻擊他真實的自我，他不會告訴你太多，一旦他開始信任你，他將告訴你一些困擾他的事情，也許是你完全忘掉的往事，也許是可以協調的歧見。你可能發現，談話是你必須採取的唯一行動。他最初可能談些不相關的話題，這時，你要有耐心，不要立刻打破他的防線，必須等他自己決定，心甘情願地解開面具。

這個方法的唯一問題是耗時費事。你可能無法給他額外的時間，你可能不希望僵持不決。然而，即使你無法協助營業員，解決他的問題，如果你能顯示出你的關心，並盡力給予支持和諒解，他將開始有

所反應,至少兩者關係不會惡化,他的抵制程度也可能減輕。

3.尋求外在的協助

尋求外在的協助——不論是找其他的營業員,還是人事部門的人,都等於是找一位翻譯,透過這位翻譯來瞭解問題,抱怨型營業員把問題告訴翻譯,翻譯再告訴你,但要注意的是,這個傳播的過程可能會歪曲原意。同時,你也沒有機會去體認什麼地方錯了,你或營業員都可能有意無意地向第三者炫耀,而且在第三者之前,你的自尊心可能阻止你向對方讓步。

4.充實他的工作

如果營業員認為他的工作不夠刺激,具有挑戰性的特別任務和更重要的責任,可以立即解決他的問題。如果他認為你不喜歡他,這項策略將協助你向他解釋。

如果營業員缺乏自信,你願意給他特別任務,顯示你相信他的能力,此將協助他建立信心。但是你必須給他可以勝任的工作,使他在相當短的的時間內獲得成就感。當然,這項策略並不能改善他對公司和同事的態度。但是,一個滿足於工作的營業員,很可能會忽略其他的抱怨。

這項策略的缺點是其他營業員可能認為,你試圖收買抱怨型營業員,他們也可能認為你軟弱。然而,這個方法的基本錯誤是你並沒有真正瞭解問題的所在。如果你幸運,你的解決方案可能正中標的,但也可能錯過了真正的問題。

5.確定究竟是人的問題,還是形勢所迫

和每一個熟知內情的人談談,這個策略和第三個策略的不同,你並沒有要求其他人介入,你只是要求他們提供情報而已。解決問題和面對抱怨型營業員是你的工作,事先多加研究,對你更有幫助。

　　如果是形勢使得一位能幹的營業員成為抱怨型營業員，你可以改變形勢，或是改變營業員的觀感。另一方面，如果這位營業員根本就是天生的抱怨型營業員，他還沒來公司之前就處處抱怨，他的破壞力很強，這時，你必須毅然開除他，沒有其他選擇。

　　你面對的即使不是一位天生的抱怨型營業員，也可能無法改變形勢，因為這需要作無法忍受的讓步，或是改變你自負的工作型態。有時候，必須為了其他營業員，而犧牲一位抱怨型營業員。你應該在完全瞭解形勢，並盡力協助他而毫無效果之後，才能夠決定是否開除他。

企業的核心競爭力，就在這里！

圖書出版目錄

憲業企管顧問（集團）公司為企業界提供診斷、輔導、培訓等專項工作。下列圖書是由臺灣的憲業企管顧問（集團）公司所出版，自 1993 年秉持專業立場，特別注重實務應用，50 餘位顧問師為企業界提供最專業的經營管理類圖書。

選購企管書，敬請認明品牌：憲 業 企 管 公 司。

1. 傳播書香社會，直接向本出版社購買，一律 9 折優惠，郵遞費用由本公司負擔。服務電話(02)27622241　(03)9310960　傳真(03)9310961

2. 付款方式：請將書款轉帳到我公司下列的銀行帳戶。
   ・銀行名稱：合作金庫銀行（敦南分行）　帳號：5034-717-347447
   公司名稱：憲業企管顧問有限公司
   ・郵局劃撥號碼：18410591　郵局劃撥戶名：憲業企管顧問公司

3. 圖書出版資料每週隨時更新，請見網站 www.bookstore99.com

經營顧問叢書

25	王永慶的經營管理	360 元
52	堅持一定成功	360 元
56	對準目標	360 元
60	寶潔品牌操作手冊	360 元
78	財務經理手冊	360 元
79	財務診斷技巧	360 元
91	汽車販賣技巧大公開	360 元
97	企業收款管理	360 元
100	幹部決定執行力	360 元
122	熱愛工作	360 元
129	邁克爾・波特的戰略智慧	360 元
130	如何制定企業經營戰略	360 元
135	成敗關鍵的談判技巧	360 元
137	生產部門、行銷部門績效考核手冊	360 元
139	行銷機能診斷	360 元
140	企業如何節流	360 元
141	責任	360 元
142	企業接棒人	360 元
144	企業的外包操作管理	360 元
146	主管階層績效考核手冊	360 元
147	六步打造績效考核體系	360 元
148	六步打造培訓體系	360 元
149	展覽會行銷技巧	360 元
150	企業流程管理技巧	360 元

284	時間管理手冊	360 元
285	人事經理操作手冊（增訂二版）	360 元
286	贏得競爭優勢的模仿戰略	360 元
287	電話推銷培訓教材（增訂三版）	360 元
288	贏在細節管理（增訂二版）	360 元
289	企業識別系統 CIS（增訂二版）	360 元
291	財務查帳技巧（增訂二版）	360 元
295	哈佛領導力課程	360 元
296	如何診斷企業財務狀況	360 元
297	營業部轄區管理規範工具書	360 元
298	售後服務手冊	360 元
299	業績倍增的銷售技巧	400 元
300	行政部流程規範化管理（增訂二版）	400 元
302	行銷部流程規範化管理（增訂二版）	400 元
304	生產部流程規範化管理（增訂二版）	400 元
305	績效考核手冊(增訂二版)	400 元
307	招聘作業規範手冊	420 元
308	喬·吉拉德銷售智慧	400 元
309	商品鋪貨規範工具書	400 元
310	企業併購案例精華（增訂二版）	420 元
311	客戶抱怨手冊	400 元
314	客戶拒絕就是銷售成功的開始	400 元
315	如何選人、育人、用人、留人、辭人	400 元
316	危機管理案例精華	400 元
317	節約的都是利潤	400 元
318	企業盈利模式	400 元
319	應收帳款的管理與催收	420 元
320	總經理手冊	420 元
321	新產品銷售一定成功	420 元
322	銷售獎勵辦法	420 元
323	財務主管工作手冊	420 元
324	降低人力成本	420 元

325	企業如何制度化	420 元
326	終端零售店管理手冊	420 元
327	客戶管理應用技巧	420 元
328	如何撰寫商業計畫書（增訂二版）	420 元
329	利潤中心制度運作技巧	420 元
330	企業要注重現金流	420 元
331	經銷商管理實務	450 元
332	內部控制規範手冊（增訂二版）	420 元
333	人力資源部流程規範化管理（增訂五版）	420 元
334	各部門年度計劃工作（增訂三版）	420 元
335	人力資源部官司案件大公開	420 元
336	高效率的會議技巧	420 元
337	企業經營計劃〈增訂三版〉	420 元
338	商業簡報技巧（增訂二版）	420 元
339	企業診斷實務	450 元
340	總務部門重點工作（增訂四版）	450 元
341	從招聘到離職	450 元
342	職位說明書撰寫實務	450 元
343	財務部流程規範化管理（增訂三版）	450 元
344	營業管理手冊	450 元
345	推銷技巧實務	450 元
346	部門主管的管理技巧	450 元
347	如何督導營業部門人員	450 元

《商店叢書》

18	店員推銷技巧	360 元
30	特許連鎖業經營技巧	360 元
35	商店標準操作流程	360 元
36	商店導購口才專業培訓	360 元
37	速食店操作手冊〈增訂二版〉	360 元
38	網路商店創業手冊〈增訂二版〉	360 元
40	商店診斷實務	360 元
41	店鋪商品管理手冊	360 元
42	店員操作手冊（增訂三版）	360 元

44	店長如何提升業績〈增訂二版〉	360 元
45	向肯德基學習連鎖經營〈增訂二版〉	360 元
47	賣場如何經營會員制俱樂部	360 元
48	賣場銷量神奇交叉分析	360 元
49	商場促銷法寶	360 元
53	餐飲業工作規範	360 元
54	有效的店員銷售技巧	360 元
56	開一家穩賺不賠的網路商店	360 元
58	商鋪業績提升技巧	360 元
59	店員工作規範（增訂二版）	400 元
61	架設強大的連鎖總部	400 元
62	餐飲業經營技巧	400 元
64	賣場管理督導手冊	420 元
65	連鎖店督導師手冊（增訂二版）	420 元
67	店長數據化管理技巧	420 元
69	連鎖業商品開發與物流配送	420 元
70	連鎖業加盟招商與培訓作法	420 元
71	金牌店員內部培訓手冊	420 元
72	如何撰寫連鎖業營運手冊〈增訂三版〉	420 元
73	店長操作手冊（增訂七版）	420 元
74	連鎖企業如何取得投資公司注入資金	420 元
75	特許連鎖業加盟合約（增訂二版）	420 元
76	實體商店如何提昇業績	420 元
77	連鎖店操作手冊（增訂六版）	420 元
78	快速架設連鎖加盟帝國	450 元
79	連鎖業開店複製流程（增訂二版）	450 元
80	開店創業手冊〈增訂五版〉	450 元
81	餐飲業如何提昇業績	450 元

《工廠叢書》

15	工廠設備維護手冊	380 元
16	品管圈活動指南	380 元
17	品管圈推動實務	380 元
20	如何推動提案制度	380 元
24	六西格瑪管理手冊	380 元

30	生產績效診斷與評估	380 元
32	如何藉助 IE 提升業績	380 元
46	降低生產成本	380 元
47	物流配送績效管理	380 元
51	透視流程改善技巧	380 元
55	企業標準化的創建與推動	380 元
56	精細化生產管理	380 元
57	品質管制手法〈增訂二版〉	380 元
58	如何改善生產績效〈增訂二版〉	380 元
68	打造一流的生產作業廠區	380 元
70	如何控制不良品〈增訂二版〉	380 元
71	全面消除生產浪費	380 元
72	現場工程改善應用手冊	380 元
77	確保新產品開發成功（增訂四版）	380 元
79	6S 管理運作技巧	380 元
84	供應商管理手冊	380 元
85	採購管理工作細則〈增訂二版〉	380 元
88	豐田現場管理技巧	380 元
89	生產現場管理實戰案例〈增訂三版〉	380 元
92	生產主管操作手冊（增訂五版）	420 元
93	機器設備維護管理工具書	420 元
94	如何解決工廠問題	420 元
96	生產訂單運作方式與變更管理	420 元
97	商品管理流程控制（增訂四版）	420 元
102	生產主管工作技巧	420 元
103	工廠管理標準作業流程〈增訂三版〉	420 元
105	生產計劃的規劃與執行（增訂二版）	420 元
107	如何推動 5S 管理（增訂六版）	420 元
108	物料管理控制實務〈增訂三版〉	420 元
111	品管部操作規範	420 元
113	企業如何實施目視管理	420 元
114	如何診斷企業生產狀況	420 元

117	部門績效考核的量化管理（增訂八版）	450 元
118	採購管理實務〈增訂九版〉	450 元
119	售後服務規範工具書	450 元
120	生產管理改善案例	450 元
121	採購談判與議價技巧〈增訂五版〉	450 元
122	如何管理倉庫〈增訂十版〉	450 元

《培訓叢書》

12	培訓師的演講技巧	360 元
15	戶外培訓活動實施技巧	360 元
21	培訓部門經理操作手冊（增訂三版）	360 元
23	培訓部門流程規範化管理	360 元
24	領導技巧培訓遊戲	360 元
26	提升服務品質培訓遊戲	360 元
27	執行能力培訓遊戲	360 元
28	企業如何培訓內部講師	360 元
31	激勵員工培訓遊戲	420 元
32	企業培訓活動的破冰遊戲（增訂二版）	420 元
33	解決問題能力培訓遊戲	420 元
34	情商管理培訓遊戲	420 元
36	銷售部門培訓遊戲綜合本	420 元
37	溝通能力培訓遊戲	420 元
38	如何建立內部培訓體系	420 元
39	團隊合作培訓遊戲（增訂四版）	420 元
40	培訓師手冊（增訂六版）	420 元
41	企業培訓遊戲大全（增訂五版）	450 元

《傳銷叢書》

4	傳銷致富	360 元
5	傳銷培訓課程	360 元
10	頂尖傳銷術	360 元
12	現在輪到你成功	350 元
13	鑽石傳銷商培訓手冊	350 元
14	傳銷皇帝的激勵技巧	360 元
15	傳銷皇帝的溝通技巧	360 元
19	傳銷分享會運作範例	360 元

20	傳銷成功技巧（增訂五版）	400 元
21	傳銷領袖（增訂二版）	400 元
22	傳銷話術	400 元
24	如何傳銷邀約（增訂二版）	450 元
25	傳銷精英	450 元

為方便讀者選購，本公司將一部分上述圖書又加以專門分類如下：

《主管叢書》

1	部門主管手冊（增訂五版）	360 元
2	總經理手冊	420 元
4	生產主管操作手冊（增訂五版）	420 元
5	店長操作手冊（增訂七版）	420 元
6	財務經理手冊	360 元
7	人事經理操作手冊	360 元
8	行銷總監工作指引	360 元
9	行銷總監實戰案例	360 元

《總經理叢書》

1	總經理如何管理公司	360 元
2	總經理如何領導成功團隊	360 元
3	總經理如何熟悉財務控制	360 元
4	總經理如何靈活調動資金	360 元
5	總經理手冊	420 元

《人事管理叢書》

1	人事經理操作手冊	360 元
2	從招聘到離職	450 元
3	員工招聘性向測試方法	360 元
5	總務部門重點工作（增訂四版）	450 元
6	如何識別人才	360 元
7	如何處理員工離職問題	360 元
8	人力資源部流程規範化管理（增訂五版）	420 元
9	面試主考官工作實務	360 元
10	主管如何激勵部屬	360 元
11	主管必備的授權技巧	360 元
12	部門主管手冊（增訂五版）	360 元

在海外出差的‥‥‥‥

台灣上班族

愈來愈多的台灣上班族，到大陸工作（或出差），
對工作的努力與敬業，是台灣上班族的核心競爭力；一個
明顯的例子，返台休假期間，台
灣上班族都會抽空再買書，設法
充實自身專業能力。

[憲業企管顧問公司]以專業
立場，為企業界提供最專業的各
種經營管理類圖書。

85%的台灣上班族都曾經有
過購買（或閱讀）[憲業企管顧問
公司]所出版的各種企管圖書。

尤其是在競爭激烈或經濟不景氣時，更要加強投資在
自己的專業能力，建議你：

工作之餘要多看書，加強競爭力。

建立企業圖書館

當市場競爭激烈時：

培訓員工，強化員工競爭力
是企業最佳對策

「人才」是企業最大的財富。如何提升人才，是企業永續經營、戰勝對手的核心競爭力。積極培訓公司內部員工，是經濟不景氣時期的最佳戰略，而最快速的具體作法，就是「建立企業內部圖書館，鼓勵員工多閱讀、多進修專業書籍」

建議您：請一次購足本公司所出版各種經營管理類圖書，作為貴公司內部員工培訓圖書。使用率高的（例如「贏在細節管理」），準備 3 本；使用率低的（例如「工廠設備維護手冊」），只買 1 本。

給 總 經 理 的 話

　　總經理公事繁忙，還要設法擠出時間，赴外上課進修學習，努力不懈，力爭上游。

　　總經理拚命充電，但是員工呢？

　　公司的執行仍然要靠員工，為什麼不要讓員工一起進修學習呢？

　　買幾本好書，交待員工一起讀書，或是買好書送給員工當禮品。簡單、立刻可行，多好的事！

經營顧問叢書 ㉞⑦　　　　　售價：450 元

如何督導營業部門人員

西元二○二三年八月　　　　　　　初版一刷

編著：王瑞虎　黃憲仁

策劃：麥可國際出版有限公司（新加坡）

編輯：蕭玲

封面設計：宇軒設計工作室

校對：劉飛娟

發行人：黃憲仁

發行所：憲業企管顧問有限公司

電話：(02) 2762-2241　　(03) 9310960　　0930872873

電子郵件聯絡信箱：huang2838@yahoo.com.tw

銀行 ATM 轉帳：合作金庫銀行　　帳號：5034-717-347447

郵政劃撥：18410591　　憲業企管顧問有限公司

江祖平律師顧問：紙品書、數位書著作權與版權均歸本公司所有

登記證：行政業新聞局版台業字第 6380 號

本公司徵求海外版權出版代理商（0930872873）

本圖書是由憲業企管顧問（集團）公司所出版，以專業立場，為企業界提供最專業的各種經營管理類圖書。

圖書編號 ISBN：978-986-369-116-7